ESSAI

SUR

LES PRAIRIES

NATURELLES.

ESSAI

SUR

LES PRAIRIES NATURELLES,

MÉMOIRE

Présenté au Concours ouvert par la Société Vétérinaire du Finistère, sur l'amélioration et la création des Prairies naturelles dans le département du Finistère,

ET QUI A OBTENU

LA MÉDAILLE OFFERTE EN PRIX PAR LADITE SOCIÉTÉ,

dans sa séance du 22 juillet 1843,

Présidée par M. le Préfet du Département,

Par Aristide VINCENT,

INGÉNIEUR CIVIL, ANCIEN MAIRE DE LANDÉVENNEC.

« Pâturage et labourage sont les
» mamelles de l'État. »

SULLY.

A BREST,

Chez ÉDOUARD ANNER, Imprimeur-Libraire,

Rue Saint-Yves, N° 32.

1845.

ESSAI

SUR

LES PRAIRIES NATURELLES.

Considérations sur les Prairies Naturelles.

Quand on considère que le département du Finistère possède 433,608 hectares de terres cadastrées, et que ce vaste territoire renferme 163,603 hectares de marais, étangs, canaux ; 2,869 hectares de landes ou terrains vagues absolument improductifs ; que 30,945 hectares de prés médiocres forment la seule ressource alimentaire, pendant cinq mois de l'année, du bétail généralement chétif qui y existe, on est douloureusement affecté de l'imperfection des procédés agricoles d'un département qui n'a d'autre source de richesse que sa culture. L'on ne peut s'empêcher de gémir sur l'insouciance des habitans, quand on aperçoit les nombreuses sources situées au sommet des montagnes dont elles ravinent le sol, tandis qu'employées avec intelligence, elles féconderaient ces montagnes et enrichiraient le propriétaire. Les nombreux ruisseaux et rivières qui coupent de toutes parts la surface du sol, devraient écouler les eaux marécageuses et porter partout la prospérité la plus réelle, la plus inaccessible aux vicissitudes commerciales.

L'abondance des engrais maritimes a imprimé un puissant développement à la culture des céréales sur nos côtes. Nul autre pays ne peut rivaliser sous ce rapport, mais il faut le dire à regret, cette prospérité, due uniquement au voisinage de la mer, disparaît à mesure qu'on s'avance dans l'intérieur, et fait bientôt place à la plus chétive culture qu'on puisse imaginer. Faute de fumier, et de fourrages pour nourrir des animaux qui en produiraient, on ne doit espérer aucun progrès dans l'agriculture tant que les choses resteront ainsi. Impossible de penser à l'amélioration des races dégénérées, et encore moins à l'introduction des belles races, seules profitables aux cultivateurs, puisque celle du pays, parvenue à un degré d'abâtardissement dont on aurait peine à se faire une idée dans la France centrale, ne peut qu'y végéter misérablement.

Quand on quitte ce triste tableau de l'inertie et de l'ignorance humaine pour se reporter aux magnifiques herbages du Calvados, du Poitou, du Bourbonnais et du Limousin, qui, depuis plusieurs siècles, fournissent la moitié de la France d'animaux de boucherie, qu'on n'aperçoit aucune raison pour que des procédés analogues ne produisent des résultats semblables sur notre sol breton qui s'y prête si bien, on ne peut que déplorer la puissance de la routine et l'absence d'enseignement pratique qui maintiennent notre pays dans une position relativement si arriérée.

Ces considérations acquièrent d'autant plus d'importance, qu'un développement, même considérable, de l'élève du bétail, ne peut inspirer aucune crainte quant au manque de débouché, puisque 60 mille bœufs étrangers viennent chaque année combler le déficit de la production française, et que le prix de la viande tend toujours à s'élever à mesure que la consommation augmente, avec le goût du bien-être qui se répand dans toutes les classes de la société. Il en est de même de l'élève du cheval et de tous les animaux produisant du travail et des matières premières à l'industrie manufacturière que nous sommes forcés de demander à l'étranger. En cela, l'agriculture est une richesse bien plus réelle pour une nation que l'industrie manufacturière, parcequ'elle n'a point à redouter ces momens de stagnation, d'encombrement, qui jettent la perturbation dans les pays purement fabricans comme l'Angleterre, où des masses d'ouvriers restent tout à coup sans ouvrage, exposés aux tourmens d'une misère d'autant plus affreuse que, manquant totalement de prévoyance, ils n'ont rien su réserver pour les momens de détresse. Les encombremens agricoles arrêtent bien l'enrichissement, diminuent le superflu des individus; mais personne ne manque du nécessaire, tout le monde vit. C'est pourquoi Sully disait : «*Les dons de la terre sont les seuls biens inépuisables, et tout fleurit dans un état où fleurit l'agriculture.*» Et puis : « *Pâturage et labourage sont les mamelles de l'État.* »

Il est difficile de faire de bonnes choses, mais il est encore plus difficile de rendre les hommes laborieux et intelligens, et, sous ce rapport, il faut le dire à notre honte, une grande partie de nos concitoyens sont fort au-dessous de ce que nous appelons des *sauvages*. Trouverions-nous chez nos paysans bretons des artistes capables de tatouer avec pureté, de sculpter une pirogue, une pagaie avec autant de goût que les sauvages de la mer du sud ? Nos tisserands pourraient-ils faire des étoffes riches de dessins et d'invention comme eux? Pouvons-nous comparer nos sales huttes aux cabanes de ces sauvages que nous méprisons ?

Hâtons-nous de quitter ce tableau douloureux pour notre amour-propre. Tâchons, par une instruction bien dirigée et de bons exemples, de développer ces facultés intellectuelles qui seules élèvent l'homme au-dessus de l'animal. Elles ne sont qu'engourdies chez nos bas-bretons; stimulons-les par des récompenses et surtout par le tableau comparatif d'une production plus considérable, due à des soins plus assidus et mieux dirigés. C'est au gouvernement, aux sociétés d'agriculture qu'il appartient d'encourager, de diriger les efforts des hommes bien intentionnés, pour les aider à utiliser les richesses que les autres foulent aux pieds et maudissent souvent parcequ'ils n'en soupçonnent pas l'usage.

Le Calvados, le Poitou, le Bourbonnais, le Limousin nous donnent un grand exemple à suivre. Notre sol, par sa similitude avec le leur, et même plus favorable au développement de l'herbe à cause de la fréquence des pluies, s'y prête merveilleusement. Il suffirait d'utiliser à propos, à leur instar, les eaux qui nous nuisent, qui changent nos chemins en bourbiers, nos plaines et nos vallées en marais. Forçons-les de vivifier ces vastes terrains vagues sans valeur, qui forment le tiers de la superficie de notre département. Je crois pouvoir affirmer qu'au moins la moitié de ces terrains peut être convertie en prairies ou en prés arrosés.

Le résultat d'une semblable amélioration serait immense. En effet, 80 mille hectares convertis en prairies ou en prés arrosés, rapportant année commune 8000 kilogrammes de foin chacun, sans compter un excellent pâturage pendant 6 à 7 mois, donneraient 640 millions de kilogrammes de foin, susceptibles de nourrir abondamment 300 mille chevaux ou bœufs de plus que le département n'en élève actuellement. En ne les comptant l'un portant l'autre qu'à 100 francs, le capital agricole serait accru d'un revenu de 30 millions de francs, c'est-à-dire, d'un capital 600 millions. Ajoutons à cela que chaque animal bien nourri faisant annuellement 10 charretées de fumier, ces 3 millions de charretées réparties chaque année à raison de 100 par hectare, engraisseraient 30 mille hectares de terre, susceptibles de produire 600 mille hectolitres de blé, représentant une valeur de 9 à 10 millions de francs.

Ainsi, la transformation judicieuse des terrains vagues, aujourd'hui d'une valeur nulle, en prairies et prés arrosés, augmenterait le capital du département d'environ 1 milliard, sans compter la plus value qu'acquerrait le sol.

Mais, diront quelques personnes, une production de 300 mille chevaux ou bœufs avilirait les prix, et l'élève cesserait d'être profitable. Ne concevons pas cette crainte imaginaire. Au lieu de faire de mauvais bidets impropres à la remonte, aux postes et aux travaux agricoles, les cultivateurs seront stimulés par l'abondance des fourrages à n'élever que des sujets de bonne race. La remonte de la cavalerie, qui se fait presque entièrement en Allemagne, trouverait chez nous des chevaux robustes. Les postes et le roulage viendraient également s'approvisionner ici de ces chevaux estimés. Enfin, l'agriculture substituerait de forts attelages aux rosses qu'elle emploie généralement. Elle aurait ainsi une réserve toute prête pour subvenir aux éventualités d'une guerre continentale, que nous ne pourrions faire aujourd'hui faute de chevaux.

De même, nous remplacerions notre race bovine appauvrie, par de beaux bœufs propres à la vente sur place comme à l'expédition. Il en coûte autant pour faire voyager un bœuf de 200 kilogrammes qu'un de 500 kilogrammes de viande nette. Les droits d'octroi étant presque partout payés par tête, les bouchers ont intérêt à n'entrer que les plus lourds bœufs : c'est donc à ceux-ci qu'il faut s'attacher. Nous vendrions pour l'approvisionnement des villes de l'intérieur, si nos bœufs étaient plus grands et moins désavantageux à transporter.

Pourquoi ne ferions-nous pas des salaisons pour notre marine, comme le fait l'Irlande ? Serons-nous donc toujours tributaires des étrangers pour les objets de première nécessité ?

Plusieurs départemens trouvent dans l'élève et l'engraissement des bestiaux, une source de richesse durable, entièrement due aux soins apportés à saigner les prairies basses et à arroser les prés élevés. Le département de l'Allier offre, sous ce rapport, de précieux exemples à suivre. Le sol y est généralement très pauvre : la couche de terre végétale n'a que 10 à 25 centimètres d'épaisseur. Le sous-sol est pierreux ou rocheux. Le seigle et de très chétive avoine sont les seuls blés cultivables. Le froment n'y vient que dans les plaines. Eh ! bien, la plus grande partie de ces mauvaises terres a été convertie en excellentes prairies ou prés, et les propriétaires, le niveau d'eau en main, continuent à rechercher les moyens de faire couler horizontalement sur les coteaux, les sources, les ruisseaux un peu élevés, et transforment ainsi leurs mauvaises terres en bonnes prairies, arrosées avec beaucoup d'intelligence. J'ai vu des terres achetées 200 francs l'hectare, être bientôt converties en prés valant 5 à 6 mille francs, sur lesquelles de beaux bœufs s'engraissent pour alimenter les marchés de Paris, Lyon et autres grandes villes. Là, les fermes récoltant 100 à 200 milliers de foin ne sont pas rares; mais il faut rendre justice aux habitans qui consacrent à leurs prés et prairies des soins que nous autres bretons ne soupçonnons même pas.

La différence de produit entre un pré sec et un pré arrosé est tellement considérable, qu'on ne saurait se refuser à faire usage de l'eau quand on en a et qu'on sait l'employer. En effet, le premier, dans les circonstances les plus favorables, produit 4,000 kilogrammes de foin à l'hectare, et un peu de pâturage si l'été est pluvieux; mais si l'année est sèche, à peine aura-t-on 2,000 kilogrammes de foin, souvent grillé, et point de pâturage ni de regain.

Le second, arrosé à volonté suivant le besoin, n'a rien à redouter des saisons Le produit en foin de 8 à 9,000 kilogrammes à l'hectare, est toujours assuré, ainsi que le regain ou un riche pâturage qui se renouvelle au moins deux fois avant la fanaison suivante. Sans doute le produit cité est susceptible de variation suivant la nature du terrain, qui exerce aussi une influence évidente sur le produit ; mais je ne cite que des récoltes ordinaires.

En vain fumerait-on les prés secs ; leur produit pourrait être augmenté d'un tiers, de moitié en sus ; mais cet accroissement n'est point durable ni en proportion avec la dépense, parceque la plus grande partie du fumier répandu sur les prés s'annihile par l'évaporation des gazs sans profit pour le pré. L'arrosage, au contraire, ne coûte presque rien et produit plus d'effet.

L'influence de l'eau sur la végétation est trop connue pour qu'il soit nécessaire de la prouver. Il suffit de rappeler que toutes les plantes végètent bien dans une éponge imbibée d'eau, dans du coton, du sable siliceux parfaitement lavé et entretenu humide, tandis que celles plantées dans du terreau ou une terre richement fumée, mais sèche, sont promptement desséchées. C'est pourquoi les prés ne produisent bien que dans les années humides.

D'un autre côté, si toutes les plantes ont besoin d'humidité pour végéter, la plupart souffrent ou meurent par un séjour prolongé dans l'eau ou dans une terre trop mouillée qui ne convient qu'aux plantes aquatiques. C'est pourquoi les marais sont de mauvais herbages.

L'art de l'agronome intelligent consiste à extraire la surabondance d'eau qui nuit à la végétation de l'herbe, c'est-à-dire à dessécher les marais, et à donner aux prés secs précisément assez d'eau pour accélérer la végétation sans lui nuire. L'irrigation est donc une opération délicate qui réclame du soin et de l'intelligence et une surveillance journalière comme le jardinage.

Les prairies naturelles ont été délaissées dans presque toute la France depuis l'introduction de ce qu'on appelle les prairies artificielles, parceque la plus grande quantité de nourriture que produisent les dernières a séduit les cultivateurs qui s'en sont engoués sans réfléchir que celles-ci n'étaient avantageuses à cultiver que là où les prairies naturelles cessent de l'être. En effet, le trèfle, la luzerne, viendraient mal sur des coteaux à pentes raides et presque dénudés de terre. Les racines y viendraient mal, de même que dans les terrains marécageux. Faisons donc la part de chaque espèce : mettons des fourrages artificiels dans tous les bons terrains faciles à travailler, et réservons pour les fourrages naturels les coteaux arrosables et les bas-fonds humides. Il y a des localités où les uns seront exclusivement cultivés, parceque l'irrigation y est impossible faute d'eau, et d'autres au contraire où les prairies naturelles seront obligatoires comme moyen d'utiliser l'eau et des terres impropres à toute culture.

Le foin des prairies est moins estimé que celui des prés secs ou de ceux irrigués, parce qu'il est plus gros, plus dur, moins nutritif et moins savoureux.

Dans le Finistère, nous n'avons guère que des prairies basses, situées dans les bas-fonds; généralement elles sont mal établies, mal soignées et sujettes à être absorbées par le jonc.

Les prés arrosés sont en très petit nombre : l'eau y est très mal employée, ce qui prouve que l'art de l'irrigation n'y est pas connu. Ils méritent à peine d'être mentionnés.

Ce sont précisément les terrains les plus propres à former d'excellens prés qui sont le plus abandonnés, quoique des sources, des ruisseaux même les ravinent inutilement depuis des siècles, sans que leurs propriétaires ouvrent les yeux pour voir le parti qu'ils en pourraient tirer; et malheureusement ces terrains sont très nombreux, particulièrement dans l'arrondissement de Châteaulin, le plus pauvre de tous en fourrages. Combien ne serait-il donc pas intéressant d'encourager la création de prairies naturelles là où la nature a tout fait, là où l'homme n'a plus qu'à diriger les élémens qu'elle met à sa disposition ! Espérons que les efforts de la société vétérinaire du département parviendront enfin à éclairer les grands propriétaires sur l'avantage qu'ils auraient à augmenter ainsi la valeur de leurs propriétés et à donner aux petits cultivateurs un salutaire exemple.

Création des Prairies Naturelles.

On distingue d'abord deux classes de prairies naturelles : celles provenant de marais ou de marécages desséchés naturellement ou artificiellement, qu'on nomme *prairies*, et celles formées sur des terrains secs, plus connus sous la dénomination de *prés*.

Les prairies se subdivisent en deux sortes : les *marécageuses* qui, ordinairement, sont submergées pendant l'hiver, faute d'écoulement assez facile, mais susceptibles de se dessécher naturellement, plus ou moins complètement, en été ; et les *marais*, toujours submergés, auxquels il faut appliquer des moyens de dessèchement plus ou moins énergiques pour les amener à l'état de prairies.

Les prés se subdivisent également en deux espèces : ceux qu'on appelle *prés secs*, parce-qu'ils ne sont point arrosés, ni susceptibles de l'être, et les *prés irrigués*, sur lesquels on répand ou peut répandre l'eau.

Terrains Marécageux.

Ces terrains se rencontrent le plus fréquemment dans notre département, où il y a peu de marais proprement dits. Ils sont ordinairement situés au fond des gorges de montagnes, dont ils reçoivent toutes les eaux de pluie ou de sources. Ils deviennent alors de petits lacs jusqu'à ce que les eaux aient pu se frayer un chemin, ou qu'elles se soient infiltrées dans les couches inférieures du terrain, ou enfin qu'elles se soient évaporées par l'action simultanée de la chaleur du soleil et du vent.

L'herbe croissant sur ces terrains est dure et de mauvaise qualité; elle est tout-à-fait impropre à la nourriture des chevaux; les bœufs seuls la mangent, mais sans profit, parce-qu'elle est peu nourrisssante. Le jonc et les plantes aquatiques y dominent. C'est une ressource à peu près nulle pendant l'hiver, et fort précaire pendant la belle saison, l'eau ayant dissous et entraîné avec elle toutes les matières solubles, végétales, minérales ou animales que contenait le terrain : celui-ci reste amaigri. L'herbe qui y pousse, après l'évaporation de l'eau, y est donc excessivement maigre et dure.

Quand on possède de semblables terrains, la première chose à faire est un nivellement en long et plusieurs en travers avec le niveau d'eau, afin de reconnaître s'il y a de la pente pour écouler les eaux, et dans quel sens elle est. Alors on trace, ou plutôt on ouvre une maîtresse rigole ou canal principal pour recevoir ces eaux et les conduire plus loin. Ensuite on cherche à reconnaître d'où viennent les eaux ; si c'est de ruisseaux voisins, de sources élevées, de sources cachées, ou enfin d'eau pluviales s'écoulant entre deux couches de terre.

Dans les trois premiers cas, on perce des rigoles pour recevoir ces eaux et les conduire dans le canal principal, en ayant soin de ne point les faire perpendiculaires au canal principal, mais obliques dans le sens de la pente, afin de faciliter l'écoulement et d'empêcher les dépôts terreux ou sableux de se former.

Si ce sont les eaux pluviales, il est indispensable de couper la veine d'eau par une tranchée perpendiculaire à la pente du terrain, ouverte plus haut que le niveau de l'eau du marécage pendant l'hiver. Cette tranchée reçoit toutes les eaux pluviales coulant entre deux terres et les conduit dans le canal de décharge. (*Voir la fig.* 1.)

Si des sources suintaient dans le marécage même, on les joindrait par des rigoles au canal principal. Quand on ne les voit pas, le plus sûr est de couper le terrain mouillé par des rigoles rapprochées, afin de les découvrir ; après quoi on rebouche celles qui sont inutiles. Mais sur 100 cas, il y en a 95 qui ne réclameront qu'un canal principal, et des rigoles espacées d'une vingtaine de mètres.

Une attention importante est d'ouvrir les canaux et rigoles surabondamment, tant en largeur qu'en profondeur. Un mètre est le minimum de profondeur, et souvent deux mètres ne sont pas de trop. Le terrain en est mieux égoutté.

Les vallées marécageuses sont ordinairement profondes en terre végétale recouverte d'une terre de bruyère noire, fort maigre à cause de son séjour presque continuel dans l'eau. Le jonc, le glaïeul, la bruyère et la lande, sont les plantes qui s'y rencontrent le plus fréquemment. Une fois débarrassé de l'eau surabondante, on peut amener ces terrains à l'état de prairies en coupant fréquemment ces plantes à mesure qu'elles poussent, par exemple cinq à six fois par an. Cette mutilation, faite pendant leur croissance, les épuise promptement et l'année suivante on en est à peu près débarrassé. En arrosant ces terrains aussitot qu'ils ont l'air de souffrir de la sécheresse, on facilitera la croissance de l'herbe qui, de dure qu'elle était, devient tendre et savoureuse. L'arrosement est aisé à faire, il suffit de boucher momentanément le canal de décharge avec des gazons. L'eau s'élève dans le canal et submerge tout le terrain. Mais il faut la retirer presqu'aussitôt pour la remettre un peu plus tard. Il suffit d'entretenir l'humidité du terrain au moyen de courts mais fréquens arrosemens.

On atteindrait plus complètement le but, en écobuant le terrain, surtout en coupant le gazon épais aux endroits envahis par le jonc. La cendre de ces gazons brûlés, étendue sur la terre, nuit au renouvellement du jonc. On y sème du seigle, ou mieux de l'avoine ou du blé-noir, suivant la saison, avec des balayures de grenier à foin, pour aider le terrain à se couvrir d'herbe. Deux ans après, la prairie sera en rapport si l'on a bien dirigé l'arrosement.

Sans doute, on réussirait mieux si, en même temps qu'on écobue, on pouvait y joindre de bon fumier pendant quelques années de culture, parceque la terre ainsi améliorée, offrirait une garantie de plus de devenir une prairie productive et durable. Il n'est jamais difficile de bien faire quand rien ne manque; mais tout le monde ne peut faire de telles avances: alors il faut attendre que la nature agisse avec le secours qu'on peut lui donner.

Ce genre de travail ne présente pas de difficultés sérieuses d'exécution. Les saignées dans un terrain mou et profond comme celui-là coûtent peu, il ne faut donc pas en être avare. Les frais peuvent généralement s'estimer de 20 à 25 centimes le mètre cube, de sorte que la dépense pour un hectare dépasserait rarement 120 francs et souvent n'atteindrait pas

60 francs. On conçoit la difficulté ou plutôt l'impossibilité de rien fixer à cet égard, sans voir préalablement le terrain. Ce chiffre approximatif est formé par le creusement du canal principal, supposé de 100 mètres de long sur 1 mètre de large et 1 mètre de profondeur, cubant. . . . . 100^{m}

Ensuite 6 rigoles de 100 mètres de long sur 1 mètre de profondeur et 50 centimètres de large, cubant ensemble 300^{m}

Total. 400

mètres cubes à 20 centimes, formant une dépense de 80 francs.

L'écobuage et le régalage des terres provenant des tranchées, coûte peu ou même rien, attendu qu'on trouve des paysans toujours prêts à se charger de ce soin gratuitement, à la condition d'avoir la récolte.

Cette dépense est fort minime, comparée à l'accroissement de valeur acquise par le terrain desséché. Nulle part une terre cultivable ne vaut moins de 200 francs l'hectare, et partout la prairie vaut le double de la meilleure terre cultivable du pays; parconséquent, le minimum de valeur serait de 400 francs l'hectare, et le maximum dans notre département peut aller à 6 mille francs, sans qu'il en coûte davantage de façon. La création des prairies est donc une des plus brillantes spéculations agricoles qu'on puisse tenter, et en même temps une des plus sûres.

Soins à donner aux Marécages convertis en Prairies.

Quand on observe attentivement les effets produits par la stagnation prolongée des eaux sur des terrains que leur position ferait supposer fertiles; quand on compare ensuite les effets produits par le retrait des eaux surabondantes, il est aisé de tracer le plan de conduite à suivre pour accroître et conserver la fécondité due à ce seul retrait. Une fois égoutté, ce terrain n'offrira plus aux plantes aquatiques privées d'eau, qu'un maigre asile; elles commenceront à souffrir et périront promptement, surtout si l'on répand sur le terrain de la chaux vive, de la cendre et même du fumier. Les herbes fourragères, au contraire, qui ne végètent bien que dans une terre purgée d'eau, mais un peu humide, se développent vigoureusement et achèvent d'étouffer les mauvaises plantes aquatiques. Cela est tellement vrai qu'on ne voit jamais ces plantes dans les prairies bien soignées.

Le premier soin est d'entretenir les tranchées ou rigoles parfaitement propres; plus elles seront creusées, mieux le terrain s'égouttera; ensuite, elles contiennent ordinairement du limon ou une vase très propre à être étendue sur la prairie dont l'herbe ainsi rechaussée pousse plus vigoureusement.

Il faut aussi s'assurer que la terre ne soit pas trop égouttée, parceque le terrain étant maigre, resterait stérile s'il se desséchait. On rafraîchira, toutes les fois qu'on le jugera utile, en bouchant avec des mottes le canal de décharge pour faire monter l'eau au niveau du sol; mais si ce rafraîchissement est utile dans l'été, à la condition qu'on le renouvelle souvent, peu de temps chaque fois, il convient d'en être sobre dans les saisons pluvieuses. L'expérience a démontré que l'arrosement fait la nuit et interrompu le jour est le plus convenable, parceque le soleil fait souffrir l'herbe mouillée le jour. Il est impossible de préciser les époques les plus convenables pour répéter ces arrosemens, cela dépendant de la nature plus ou moins absorbante du terrain et de l'état de la saison.

Une précaution importante consiste à ne mettre de bétail sur les prairies qu'alors qu'elles sont bien égouttées et raffermies; autrement, les pieds des animaux pesans s'enfonçant dans la terre, forment des trous qui se remplissent d'eau et donnent naissance aux plantes aquatiques. Mieux vaudrait ne les y jamais mettre, ou n'y mettre que du bétail léger, comme des moutons, des veaux, de jeunes poulains. Les prairies susceptibles d'arrosemens peuvent être pâturées jusqu'à la fin de mars ; elles fournissent alors un abondant pâturage d'autant plus précieux, qu'à cette époque les fourrages secs diminuent rapidement, et qu'il n'en existe point encore de verts. Trois mois après, chaque hectare donne, si le terrain est bon, 4,000 à 5,000 kilogrammes de foin.

Aussitôt la fauchaison, au lieu d'y mettre le bétail comme c'est l'usage dans ce pays ci, c'est le cas de mouiller fréquemment, pendant les grandes chaleurs, pour tenir la terre constamment humide. Dans les départemens du centre, on fait encore en septembre un second foin nommé regain, presque aussi abondant que le premier; mais sur nos côtes brumeuses, l'air est trop humide en cette saison pour espérer sécher tous les ans cette seconde récolte. Nous devons nous contenter d'un excellent pâturage jusqu'au commencement de novembre, époque à laquelle les arrosemens recommencent, si l'hiver n'est ni trop pluvieux ni trop froid, car il faut se garder d'arroser quand il gèle, afin que les racines de l'herbe ne souffrent point.

Il ne suffit donc pas de créer des prairies : sans des soins continuels elles dégénèreraient promptement; mais ces soins, bien simples, ne consistent guère que dans une surveillance de tous les jours. Ils sont bien payés par une rente perpétuelle considérable, obtenue presque sans aucune mise de fonds.

Des Marais.

Presque toujours les marais sont dus à ce que les bas-fonds qui les forment sont privés de moyen d'écoulement naturel, autre que l'évaporation spontanée due à la chaleur du soleil et au mouvement de l'air, leurs bords étant trop élevés, ou bien le sol tourbeux retenant les eaux. Dans les deux cas, le desséchement est avantageux quand on peut l'opérer aisément, parceque le terrain y est profond, composé de vase limoneuse mêlée à une grande quantité de végétaux décomposés, et susceptibles d'acquérir une fertilité inouïe.

La première chose à faire est d'examiner soigneusement les alentours de ce marais, puis de faire des nivellemens pour s'assurer du plus ou moins de possibilité d'écouler les eaux dans quelque ruisseau ou rivière du voisinage, et voir en même temps si la tranchée pour établir la communication est possible, ou ne présente pas des obstacles tels que la dépense à faire ne dépasse l'excédant de valeur que le marais est susceptible d'acquérir. On pourra dès-lors choisir les moyens les plus convenables.

Si l'obstacle consiste dans un monticule de peu d'élévation, il sera levé par une tranchée communiquant au terrain plus bas. Si le monticule est très élevé et peu épais, il pourra être préférable de creuser presque horizontalement une galerie souterraine, de 1 mètre de large sur 2 mètres de hauteur, étançonnée avec des planches, comme cela se pratique dans les mines; puis on y fait passer le canal de décharge du marais. Si le monticule est élevé, épais, ou composé de matériaux fort durs, il faut renoncer à écouler l'eau naturellement, et recourir aux machines d'épuisement pour élever l'eau au-dessus de l'obstacle.

Je suppose ici que l'écoulement soit praticable naturellement. Deux cas peuvent se présenter : ou le marais est formé par les eaux de pluie et celles des terrains environnans plus élevés, ou par la filtration des eaux supérieures entre deux couches de terre; ou bien il l'est souterrainement, par des sources cachées, aidées des causes précédentes.

Dans l'incertitude de la cause réelle, la première chose à faire est d'entourer le marais d'une tranchée ou canal de un à deux mètres de profondeur, coupant les couches du terrain entre lesquelles l'eau coule, et recevant en même temps l'eau pluviale, coulant à la surface, ainsi que les ruisseaux. Cette tranchée, mise en communication avec le canal de décharge, assurera le prompt desséchement du marais, si aucune source interne ne l'abreuve souterrainement.

Bientôt la vase se consolidera assez à la surface pour qu'on puisse compléter le desséchement par des saignées ou rigoles.

Si la surface reste molle et humide, c'est la preuve que des sources souterraines alimentent le marais. Alors, il faut inévitablement ouvrir une forte tranchée, depuis le point le plus élevé du marais jusqu'au canal de décharge, partie la plus basse. Puis d'autres tranchées ouvertes obliquement sur ce canal, dans les parties les plus molles, et enfin d'autres tranchées plus petites sur celles-ci, complétant la saignée générale et mettant à jour les sources cachées qui trouvent ainsi un écoulement facile. Il ne faut pas craindre de multiplier les tranchées, sauf, plus tard, à en boucher une partie quand le terrain sera bien égoutté, consolidé et que les sources s'écouleront facilement.

Une telle opération semblera fort difficile à exécuter à beaucoup de personnes; comment, en effet, les ouvriers pourraient-ils travailler dans une vase molle, dans laquelle ils enfonceraient jusqu'au cou? Cependant rien n'est plus aisé au moyen des sabots planches en usage sur les bords de la mer, sur nos côtes, pour marcher sur les vases molles. Ce sont tout simplement des sabots ordinaires, cloués sur deux planches de 40 centimètres carrés, dont le dessous est garni de deux baguettes en croisillons, de deux centimètres d'épaisseur, et reliés par d'autres baguettes, comme il est indiqué à la fig. 2, planche Ire, pour empêcher la planche de glisser. Avec ces sabots on marche sans enfoncer et sans glisser sur les vases les plus molles. C'est ainsi que les ouvriers peuvent ouvrir des tranchées dans les marais sans y enfoncer et sans aucun risque pour leur santé.

On conçoit l'impossibilité de fixer une limite quelconque à la dépense, puisqu'on ignore la quantité de rigoles à ouvrir, cependant, il est évident que cette dépense ne sera jamais considérable dans un cas semblable, puisqu'il n'y a que des travaux simples et peu coûteux à faire.

Il peut arriver que le canal de décharge ne puisse être assez abaissé pour dessécher suffisamment le marais, de sorte que l'eau reste très peu au-dessous de la surface du terrain qui, dans ce cas, ne forme qu'une mauvaise prairie pleine de jonc. Il ne faut pas hésiter à prendre un parti; soit d'y appliquer une machine pour enlever l'eau, si l'on ne redoute pas la dépense, soit de sacrifier une partie du terrain pour élever l'autre, parti avantageux à prendre quand le terrain est de peu valeur. Alors, on divise le marais en planches de 5 à 6 mètres de large. On creuse une planche jusqu'au sous-sol, en rejetant la terre végétale sur la planche voisine, qui est exhaussée de toute l'excavation de la première, c'est-à-dire, d'au moins 50 centimètres à 1 mètre, attendu que ces terrains sont profonds. Le marais se trouvera ainsi composé de deux parties; savoir: les planches exhaussées, taillées en talus pour éviter les éboulemens, et alternativement des planches d'eau. Les premières seront parfaitement égouttées et cependant ne manqueront jamais de fraîcheur.

J'ai vu, aux abords du Havre, il y a vingt ans, des marais sur lesquels les bestiaux n'allaient que dans les extrêmes sécheresses. On en a divisé une partie en planches, comme je l'ai dit plus haut. Depuis on y a cultivé tous les légumes avec un succès prodigieux, grâce au voisinage de l'eau, qui entretient le pied des plantes dans un état d'humidité et de fraîcheur très propre à en assurer le prompt et exhubérant accroissement, malgré les sécheresses les plus prolongées; le maraicher y recueille toujours des légumes magnifiques, alors que ses collègues de la terre ferme n'en ont point ou n'en ont que de médiocres Sans doute on perd un quart, un tiers, peut-être même la moitié d'un terrain sans valeur, mais le reste en acquiert une cent fois plus grande, et la salubrité du voisinage s'en trouve également bien.

Probablement que cette sorte d'utilisation des marais était usitée autrefois, car le nom des cultivateurs de légumes connus sous la dénomination de *maraichers* l'indique clairement.

Marais à dessécher artificiellement par le moyen des Machines.

Il existe de vastes marais où l'eau a une grande profondeur, et que par cette cause ainsi que par la position très élevée des terrains environnans, on ne peut dessécher naturellement par des saignées ou canaux de décharge trop dispendieux à creuser. Cependant l'immense valeur que le dessèchement leur donnerait, joint au bien-être qu'il procure aux alentours en remplacement des fièvres dues aux exhalaisons produites par tous les marais, engage à tenter cette opération avec le secours de la mécanique. On peut citer plusieurs belles spéculations de ce genre, qui ont eu un plein succès. Une compagnie spéciale existe à Paris dans ce but; on lui doit d'excellens résultats.

Nous avons dans notre département plusieurs milliers d'hectares de marais. Il en existe dans beaucoup d'autres. L'ancienne Sologne a presque la moitié de son étendue qu'on peut considérer comme telle: aussi ses chétifs et hâves habitans inspirent-ils un sentiment de pitié au voyageur, par l'aspect de l'extrême misère que cette contrée insalubre leur occasionne, au lieu de la richesse que leur procurerait un bon système de desséchement. Dans le midi, la ville d'Aigues-Mortes est dans le même cas, ainsi que beaucoup d'autres localités où le bien reste inconnu à côté du mal. Il suffirait de vouloir l'un pour ne plus avoir l'autre. Il faudrait des encouragemens du gouvernement pour exciter les capitalistes à entreprendre ces desséchemens, et que, dans certains cas, il prît lui-même l'initiative.

Quelquefois le desséchement des marais tient à peu de chose. Par exemple, une couche d'argile empêche l'infiltration de l'eau à travers les fissures souterraines des roches ou des bancs de sable, de poudings ou autres terrains peu compacts. Si l'on perfore cette couche d'argile, l'eau se fraie une nouvelle route dans les terrains inférieurs, et le marais devient une riche prairie.

La première opération à faire avant l'entreprise d'un desséchement, est donc de sonder le marais pour connaître la nature du terrain; si, comme je l'ai dit plus haut, le fond se compose d'argile sur un banc perméable, et que l'on fasse plusieurs trous de sonde, dans lesquels on introduira des tuyaux de bois ou autre matière pour maintenir libre l'ouverture, l'eau s'écoulera tout naturellement, et l'on n'aura qu'à creuser les tranchées nécessaires pour empêcher les eaux supérieures d'y revenir. Plusieurs marais ont été desséchés ainsi, et beaucoup d'autres le seraient si l'on sondait le sol préalablement à tout travail.

Enfin, quand aucun des moyens précédemment décrits n'est employé avec succès, on a recours à la mécanique pour élever l'eau à une hauteur suffisante pour qu'elle puisse s'écouler dans les rivières ou ruisseaux voisins. Ici, il se présente deux cas : celui où l'eau doit être élevée à moins de 10 mètres de hauteur, et celui où l'élévation dépasse 10 mètres. Dans le premier cas, les machines aspirantes peuvent être appliquées à cause de leur simplicité; dans le second, on a recours aux machines foulantes qui montent l'eau à une hauteur indéfinie.

Les machines d'épuisement existent en grand nombre; leur bonté est relative à la nature du climat, aux ressources des localités en ouvriers et en matériaux. En Hollande, où des portions immenses de territoire sont enlevées à la mer et défendues par des digues entretenues avec soin, l'écoulement des eaux ne peut avoir lieu qu'artificiellement. On réunit ces eaux dans des canaux servant au transport d'engrais et de denrées diverses, ou en étangs, lacs, au-dessus desquels on place des moulins à vent imprimant le mouvement à des vis d'Archimède, à des roues à augets, à des pompes aspirantes, à des chaînes sans fin à godets, ou à toute autre installation analogue élevant l'eau au niveau des digues pour la jeter dans la mer. Dans d'autres lieux, on emploie des seaux, des vans suspendus et balancés par des hommes, de manière à imiter l'escope servant à vider les bateaux. On emploie aussi des manéges à chevaux ou à bœufs et enfin des machines à vapeur.

Je ne m'étendrai point sur la préférence à donner à tel moyen d'épuisement plutôt qu'à tel autre, ce choix est du ressort de l'ingénieur et non des agriculteurs. Ces desséchemens réclament nécessairement l'intervention d'un homme de l'art. Cependant, je ne puis passer sous silence un instrument qui mérite d'occuper le premier rang à cause de sa simplicité et de son efficacité, malgré qu'il soit négligé comme tout ce qui est simple et qui ne flatte point l'imagination, c'est le syphon, qui résume les propriétés du vide et de la pression atmosphérique.

Pour se bien rendre compte de l'effet du syphon, il faut imaginer un puits dans la partie supérieure duquel le vide étant fait l'eau montera en vertu de la pression atmosphérique qui la presse de toutes parts excepté vers l'orifice supérieur. Si cet orifice est prolongé horizontalement aussi loin qu'on le voudra, puis recourbé en descendant au-dessous du niveau de l'eau dans le puits, l'eau continuera à s'élever et à parcourir tout l'espace qu'on voudra, tant qu'il y aura de l'eau dans le puits.

Pour mettre à exécution ce théorême de mécanique naturelle, on emploie un tuyau recourbé (*Fig.* 3) dont l'une des branches est plus courte que l'autre. La branche courte est plongée dans le bassin qu'on veut vider.

A chaque extrémité des branches est un robinet fermé. Au milieu de la longueur du tuyau, ou plutôt à son point le plus élevé, est un autre robinet par lequel on emplit le syphon ou tuyau du liquide à transvaser. On ferme ensuite ce dernier robinet supérieur ; on ouvre ceux placés à l'extrémité des branches et le liquide coule tant qu'il en reste dans le bassin à vider. Il faut donc deux conditions : faire le vide dans le syphon et avoir l'orifice de sortie plus bas que celui d'entrée. La longueur du syphon est indifférente. Il n'en est pas de même pour la hauteur qui ne saurait dépasser 9 mètres de différence de longueur entre les deux branches du syphon, attendu qu'à 10 mètres 34 de longueur une colonne d'eau fait équilibre à la pression atmosphérique et que le frottement réduit encore cette longueur à environ 9 mètres.

Cet instrument peu coûteux rendrait, dans certains cas, d'excellens services en dispensant de faire des tranchées dans des terrains durs pour atteindre un niveau inférieur et y écouler les eaux d'un étang, d'un marais, ou même d'un marécage. Il a été employé avec succès dans plusieurs desséchemens, et l'on doit regretter de ne pas le voir employer plus fréquemment. Quand il est fait sur une grande échelle, on peut emplir le syphon avec une pompe à bras. Après quoi, fermant le robinet supérieur et ouvrant les robinets inférieurs, l'écoulement se continue tant qu'il y a différence de niveau entre le bassin qu'on vide et celui qui reçoit l'eau.

De l'Irrigation.

Après avoir parlé rapidement des dessèchemens qui, en général, ne conviennent qu'aux riches particuliers ou aux compagnies spéculantes, à cause de l'incertitude où l'on est toujours, avant de commencer aucun travail, de parvenir à se rendre maître des sources alimentaires, il me reste à développer les avantages dont l'agriculture peut profiter en faisant à propos l'irrigation et en la dirigeant habilement.

Ici, tout est connu ; vous savez que l'eau est à votre disposition en toute saison ou seulement dans une partie de l'année ; vous pouvez en régler l'usage au mieux de vos intérêts. La dépense, toujours faible, est appréciable par tout le monde et partout. Les différences, s'il y en a, sont insignifiantes. Cette possibilité de faire bien avec peu d'argent met cette amélioration à la portée du plus pauvre cultivateur, parcequ'il la fera lui-même quand il saura comment s'y prendre. Ajoutons que les prés irrigués produisent la meilleure qualité de foin et d'herbages, attendu qu'on peut les mouiller à volonté. De plus, les irrigations les plus faciles à faire sont celles des versans de montagnes trop à pic pour être travaillés d'une manière quelconque, c'est-à-dire de terrains de la moindre valeur, susceptibles d'acquérir la plus forte, puisque partout la prairie se vend précisément le double de la terre labourée.

On comprendra la haute portée de l'irrigation en se rappelant ce que j'ai dit précédemment que l'humidité et la chaleur étaient les deux principaux élémens de la végétation. Ainsi, la plupart des plantes végètent sans terre, pourvu que leurs racines soient placées dans un corps humide placé à l'air et au soleil. Il suit de là qu'avec le seul secours de l'eau et sans fumier, on obtiendra de riches récoltes de fourrages quand on saura s'y prendre convenablement. Aussi l'expérience, entièrement d'accord avec la théorie, démontre-t-elle la supériorité constante en qualité et presque toujours en quantité des prés irrigués, sur ceux provenant de desséchement.

Par ces motifs, l'irrigation est employée dans tous les pays où le cultivateur est intelligent et laborieux. C'est à elle que l'Egypte doit sa fertilité. Aussi, est-elle là une œuvre nationale, la plus grande affaire du gouvernement. L'annonce d'une irrigation complète y donne lieu à des réjouissances publiques, car c'est la certitude d'une abondante moisson.

La plaine du Pô, en Lombardie, dont le sol est naturellement si pauvre, a acquis, par l'irrigation habilement dirigée, une telle valeur, que l'hectare y donne un revenu brut annuel de 1,098 francs. Un domaine de 148 hectares de prairies et terres arables, donne au propriétaire, qui n'exploite pas, un revenu, net de toutes charges, de 31,450 francs (212 fr. 50 cent. par hectare) et donne au fermier 7 pour cent d'intérêt du capital d'exploitation.

En France, nous avons aussi diverses localités où l'irrigation est comprise et appliquée utilement et avec discernement. S'il y a lieu de s'étonner de quelque chose, c'est certainement que cette précieuse pratique ne soit pas universellement adoptée en France ; que le gouvernement d'un pays éminemment agricole ne soit pas encore arrivé à comprendre l'urgente nécessité de la propager par tous les encouragemens imaginables. Mais tel est le sort des choses d'utilité première dénuées de brillant, on ne s'en occupe pas. Nos administrations aiment mieux entasser des phrases sonores sur le développement toujours croissant et satisfaisant de la prospérité publique, dont, le plus souvent, les premiers élémens leur sont inconnus; sur des questions de politique à l'ordre du jour, que de s'occuper de questions d'utilité publique sans retentissement, mais qui réclament des études sérieuses et prolongées.

En Provence, sur la Crau, est une espèce de désert, pavé de galets, l'hectare arrosé se vend

4,000 francs; dans les Vosges, les graviers sans végétation de la Moselle ont acquis, par les travaux de MM. Dutac, une valeur de 5,000 francs l'hectare ; à Autun, des terres valant à peine, il y a 5 ans, 900 francs, se vendraient, maintenant qu'elles sont irriguées, environ 5,000 francs; en Bretagne, des landes qui ne valaient pas 300 francs représentent entre les mains de M. Rieffel, après l'irrigation, une valeur de 2,500 francs l'hectare. La dérivation de la Durance a élevé la valeur des terrains vagues à 6,000 francs l'hectare. Marseille va dépenser 20 millions pour creuser un canal de dérivation dans les crêtes rocheuses qui dominent sa banlieue. L'irrigation est tellement précieuse pour ceux qui la connaissent, qu'il existe en France des propriétaires qui paient aux canaux le droit d'irriguer à raison de 15 francs par hectare arrosé.

Quand on donne 800 mille francs de subvention annuelle à un seul théâtre, ne pourrait-on pas allouer une semblable somme en primes d'encouragement aux agronomes, aux ingénieurs qui auraient créé des irrigations nouvelles ? Avec 10 mille francs par département, divisés en 50 primes décernées aux agronomes qui auraient fait les meilleures prairies sur des fermes ayant en minimum 5 hectares de surface, on donnerait lieu, en dix ans, à la production de plusieurs milliers d'hectares de prairies qui rembourseraient au fisc, avec usure, les avances qu'il aurait faites. L'homme étant de sa nature un peu mouton, une fois le mouvement commencé il ne s'arrêterait plus. Nous cesserions bientôt d'être tributaires de l'étranger pour la production des animaux de boucherie et de travail.

Parmi les localités qui se distinguent par leurs irrigations bien dirigées, il est juste de signaler une partie du Bourbonnais, le département de l'Allier, dont le sol est généralement pauvre, peu profond ($0^{m}08$ à $0^{m}25$), excepté sur les bords de l'Allier. Il ne produit que du chétif seigle ou de plus maigre avoine. Le sous-sol est presque toujours formé de cailloux ou gros graviers. Là, des propriétaires intelligens ont converti beaucoup de ces terrains en pente en prés arrosés, et ils transforment toutes leurs médiocres terres arables en prés, quand elles peuvent être arrosées. Le niveau à la main, ils dirigent l'eau partout où elle peut couler à peu près horizontalement. Des terres, valant primitivement 2 à 400 fr. l'hectare, ont été ainsi converties depuis quelques années en excellens prés arrosés, se vendant couramment 2 à 5,000f. l'hectare. Qu'a-t-il fallu pour cela? Quelques journées d'ouvriers pour faire des rigoles et y amener l'eau de temps à autre. Cette transformation est devenue une industrie pour des spéculateurs qui revendront ainsi fort cher des propriétés qui leur ont coûté peu.

D'autres, spéculant sur l'élève et surtout l'engrais des bœufs, s'y sont adonnés avec succès pour consommer leurs herbages et fourrages.

Notre Bretagne présente beaucoup d'analogie avec le Bourbonnais, par la contexture du sol. Une grande partie de ses coteaux est susceptible d'être irriguée naturellement par les eaux qui, le plus souvent, existent au sommet. Malheureusement, il est fort difficile de décider le propriétaire à faire, et, encore plus, à vendre son terrain à des hommes intelligens et entreprenans. Il faudrait que la législation vînt déposséder ce propriétaire pour utilité publique, comme elle le fait pour les marais (1).

Irriguer, c'est faire précisément l'inverse de *dessécher*. Dans le dernier cas, on recherche soigneusement les pentes, on en crée souvent à grands frais pour écouler les masses d'eau dont on veut se débarrasser. Dans le premier, au contraire, tout l'art consiste à recueillir les eaux supérieures, à les conserver soigneusement pour les laisser couler lentement sur la surface des prés, là seulement où on le juge nécessaire, et à ne les laisser fuir qu'après que la terre en est suffisamment saturée. Là, les rigoles doivent être verticales afin que l'eau descende promptement; ici, elles doivent être horizontales afin de ne donner à l'eau qu'un écoulement lent, précisément suffisant pour remplir les rigoles et les faire déborder en nappes sur toute leur longueur, afin de la disséminer également sur toute la surface du terrain.

(1) La nouvelle loi va permettre d'irriguer plus facilement, maintenant que l'on pourra dériver et traverser les eaux sur les propriétés voisines.

Les irrigations faites avec des rigoles inclinées comme le terrain sont incomplètes, parceque l'humidité ne se fait sentir que sur les bords; le reste du pré n'en profite qu'autant que l'eau, trop abondante, déborderait pardessus les rigoles trop petites pour l'écouler. Cependant, c'est ainsi que sont établies la plupart des prétendues irrigations existant en Bretagne et dans d'autres pays où l'on ne comprend pas davantage les vrais principes de l'arrosement.

Quand on veut irriguer un pré en pente douce ou raide, voici comment il convient d'opérer pour obtenir les meilleurs résultats :

Le premier soin à prendre est d'établir un bassin ou réservoir à la partie la plus élevée du pré, où l'eau puisse arriver. Ce réservoir peut être fait de bien des manières; la plus simple sera la meilleure, pourvu que l'eau soit retenue. La nature du terrain indique le choix à faire. Par exemple, le terrain est-il sableux, léger, il est possible qu'il ne retienne pas l'eau; alors, il convient de le doubler d'argile compacte bien battue, ou d'un revêtement intérieur en maçonnerie de moellons posés sur mortier d'argile, ou même en maçonnerie et chaux, ou ciment hydraulique. Si le terrain est argileux et compact, il retiendra l'eau naturellement sans travaux d'art autres qu'une fosse creusée dans le sol.

Ensuite, il faut s'assurer de la quantité d'eau dont on peut disposer. Beaucoup de personnes s'imaginent qu'il faut des cours d'eau considérables pour irriguer, parcequ'elles n'ont pas une idée exacte de la masse qu'un petit ruisseau accumule dans un temps donné. Dans cette persuasion, elles négligent de faire des irrigations faciles et productives. Elles sont dans l'erreur. Le moindre petit filet d'eau est précieux et devient susceptible d'effets assez importans, quand il est bien réglé et administré. C'est moins la quantité qu'on doit rechercher que la continuité. Arroser peu à la fois et souvent est le moyen de réussir.

On commence donc par jauger son cours d'eau, en examinant combien de temps est nécessaire pour remplir un vase quelconque de contenance connue, ou le réservoir lui-même, s'il est fait et cubé.

On appelle *pouce d'eau fontainier*, la quantité d'eau fournie en 24 heures par un tuyau cylindrique d'un pouce de diamètre, fixé à un bassin dans lequel l'eau est à un niveau constant d'*une ligne*, au-dessus du bord supérieur du tuyau. Cette quantité est de 1 pied cube en 150 secondes, ou 24 pieds cubes en une heure, ou 576 pieds cubes en 24 heures, ou 21 mètres cubes. Combien peu de ruisseaux ne fournissent pas 10 ou 20 fois cette quantité!

L'expérience a démontré qu'un $\frac{1}{2}$ hectare (1 journal) de pré est bien arrosé en 24 heures par 60 à 100 mètres cubes d'eau, suivant la nature plus ou moins absorbante ou filtrante du terrain et sa pente.

Une fois la quantité d'eau disponible connue, on sait quelle surface de pré on pourra arroser dans un temps donné, et régler en conséquence sa distribution.

Pour cela, on trace une ligne de niveau avec le fond du réservoir, laquelle parcourra toute l'étendue du pré. On creuse, sur cette ligne, une rigole horizontale dont les dimensions sont nécessairement proportionnelles à l'étendue du pré et à la longueur des rigoles. Généralement on fixe ces dimensions à 0m50 de large (18 pouces), sur 0m33 de profondeur (1 pied). Cependant, il arrive quelquefois que l'eau déborde plus facilement près du réservoir qu'à l'autre extrémité. Dans ce cas, pour accélérer la course de l'eau, on lui donne un peu de pente en partant du réservoir, afin de déterminer un courant qui refoule l'eau jusqu'à l'extrémité de la rigole.

Quelques personnes s'étonneront de cette prescription d'horizontalité, croyant qu'il est nécessaire d'avoir beaucoup de pente pour refouler l'eau. Cependant, l'expérience démontre que des pentes imperceptibles suffisent pour donner lieu à des courans violens; ainsi, les rivières rapides n'ont que 1 $\frac{1}{4}$ millimètre par mètre (2 lignes par toise) de pente. Quand elles ont plus de pente elles deviennent des torrens. Le célèbre ingénieur Bélidor, fixait à $\frac{1}{2}$ millimètre par mètre ($\frac{1}{2}$ ligne par toise) le maximum de pente à donner pour conduire les eaux de canaux.

Le réservoir ayant une porte ou vanne communiquant avec la rigole dont je viens de parler, en a une autre pour l'admission de l'eau, ou pour l'empêcher d'entrer dans le réservoir quand on n'en a pas besoin. Alors le ruisseau continue à rouler ses eaux dans son lit, qu'on a soin de nettoyer afin d'éviter les débordemens.

La vanne de sortie étant ouverte, la rigole s'emplit et déborde ; l'eau se répand en nappe mince sur toute la surface du terrain, en descendant toujours. Le point où elle s'étend en descendant dépend de la pente du terrain. Après l'avoir reconnu, on ouvrira là une nouvelle rigole horizontale semblable et parallèle à la première, laquelle étant mise en communication avec le réservoir, par une rigole verticale ou du moins inclinée, s'emplit et déborde à son tour.

On continue à diviser le pré successivement par des rigoles semblables et par étages, jusqu'à ce que toutes ses parties soient arrosées. Il est aisé de voir l'inutilité d'arroser simultanément toute sa surface dans le même jour, et que pourvu qu'on possède assez d'eau pour arroser une bande dans un jour, on atteindra le but proposé de rafraîchir, d'entretenir humide le terrain et le plant d'herbe, parceque cet arrosement sera répété assez fréquemment pour que la chaleur du soleil n'ait point le temps de les dessécher. Le plus ordinairement, l'eau arrose de cette manière une bande de 13 à 14 mètres

(40 pieds) de largeur; mais, comme je l'ai dit, la pente et le plus ou moins de perméabilité du terrain modifient cette étendue, en plus ou en moins. En agissant successivement comme je viens de l'indiquer, on sera certain de ne point se tromper.

Par ce moyen, il n'y a pas de coteaux, quelque raides qu'ils soient, qui ne soient susceptibles d'être convertis en prés excellens, d'autant meilleurs, qu'exposés au soleil ils en reçoivent plus directement les rayons au printemps et à l'automne; ce sont même les irrigations les plus faciles à faire.

Nature des Eaux d'irrigations.

La nature de l'eau, loin d'être indifférente, est au contraire d'une grande importance. D'abord, les eaux contenant en dissolution des quantités notables d'oxides métalliques, des sels infertiles, sont impropres à l'irrigation. Ensuite, il y a de l'eau pure, mais crue, qui fertilise bien l'herbe par l'humidité qu'elle entretient, et stimule les forces végétatives de l'herbe, mais qui est très inférieure à d'autres eaux moins froides, ou chargées de matières fertilisantes. Le choix de l'eau est d'autant plus important que si l'eau crue coule sur un pré exposé au nord, la faible action du soleil est insuffisante pour réchauffer l'herbe qui croît lentement et est alors dure. Les eaux courantes sont généralement maigres, cependant elles sont bonnes quand elles ont coulé au soleil, ou quand elles se sont chargées de fumiers ou matières solubles dans leur course.

L'eau qu'on appelle morte, parcequ'elle est immobile, stagnante, est excellente pour l'arrosement, en ce qu'elle contient beaucoup de débris de végétaux putréfiés et même d'animaux, et qu'alors elle agit comme stimulant et comme engrais. Il y a donc avantage à laisser stationner l'eau long-temps dans les réservoirs, s'ils sont assez grands pour cela, afin qu'exposée à la chaleur du soleil, elle entre en fermentation par la décomposition des matières qu'elle tient en suspension. Les mares qui reçoivent les égouts des écuries, étables ou tas de fumier, sont très fertilisantes et précieuses pour l'irrigation. On a tort de ne pas les utiliser, parcequ'elles augmentent considérablement le produit en foin et en pâturage.

L'irrigation est le meilleur et le plus économique moyen de fumer les prés, parceque l'eau dissout une partie du fumier, le divise et le transporte sans perte sur le pré, le mettant en contact immédiat et égal avec les racines de chaque plant d'herbe, en même temps que le terrain profite du reste et s'améliore sensiblement. Ce jus de fumier est réparti très uniformément sur le terrain par l'eau, rien n'est perdu. Lorsqu'au contraire, on répand le fumier sur le pré, il ne profite réellement à l'herbe qu'autant que la pluie le dissout et l'entraîne en particules déliées. Faute de pluie, il se dessèche, les gaz qui en forment la partie la plus puissante s'échappent dans l'air, de sorte qu'on peut dire sans exagération que la moitié au moins du fumier ne profite nullement à l'herbage. Cet effet est bien connu des agronomes, qui ont soin d'étendre le fumier sur leurs prés assez tôt dans le printemps pour que les pluies fréquentes de cette saison le dissolvent le plus vite possible.

Ce serait donc une excellente pratique, quand on manque d'eaux stagnantes et croupies, de mares chargées d'égouts d'écuries, que de transporter de temps en temps quelques charretées de fumier dans les réservoirs d'irrigation, afin que l'eau se saturât de ses principes et les transportât ensuite sur le pré. Chaque charretée profite plus de cette manière, et surtout agit plus vite que quatre charretées de fumier qu'on eût répandues sur le pré (1).

L'eau dans laquelle on a roui du lin ou du chanvre est également excellente pour irriguer,

(1) M le comte Dulaz met des chevaux morts dans ses réservoirs. L'eau ainsi animalisée fait assez pousser l'herbe en trois semaines pour être fauchée. C'est une méthode économique à employer dans ce pays, où un cheval ne coûte que 1 fr. à 1 fr. 50 c.

parconséquent, on peut se servir avantageusement des réservoirs pour rouir.

Les eaux courantes, alors qu'à la suite d'un orage elles sont troubles, chargées d'engrais, de terre, de sable, etc., sont excellentes et seront toujours employées avec succès. Le limon qu'elles déposent garnit, chausse le pied de l'herbe et favorise sa croissance, en entretenant la fraîcheur de la terre. On ne doit jamais craindre d'arroser avec ces eaux précieuses, alors même que le pré ne le réclame pas.

Quand on réfléchit aux bienfaits de l'irrigation, on comprend que l'homme intelligent ne recule pas devant un travail souvent considérable, pour rechercher un ruisseau éloigné, l'amener jusque sur ses prés pour y porter l'abondance. Le Limousin, le Bourbonnais, nous montrent de fréquens exemples de ces laborieux travaux particuliers entrepris par de petits cultivateurs dans ce but utile. Quelle ne serait pas la richesse de la France, si le gouvernement était assez éclairé pour organiser en grand des moyens d'irrigation, des artères aqueuses auxquelles puiseraient les particuliers, comme il fait des routes dans l'intérêt général ! Je l'ai déjà dit, il faudrait que la législation vînt aider les particuliers pour qu'ils pussent déposséder les propriétaires peu intelligens, qui mettent obstacle à l'établissement de ces travaux d'intérêt général.

Produit de l'Irrigation.

On se tromperait grandement si l'on espérait que tout pré, par cela seul qu'il est irrigué, produira le maximum d'herbages. La nature du terrain, son plus ou moins de profondeur, sa pente, son exposition tendent à faire varier le produit. En règle générale, les terres argileuses, pourvu qu'elles ne soient pas trop compactes, fournissent plus et de meilleure herbe que les maigres, légères et siliceuses. La différence peut aller de 3 à 1 quant au produit. La profondeur est aussi un puissant élément d'abondance, parceque la fraîcheur s'y conserve plus long-temps, que les racines de l'herbe s'y étendent plus loin et s'y nourrissent plus aisément. La nature du fond, ou sous-sol, n'a pas moins d'influence ; en effet, si ce sous-sol est une couche d'argile, il sera impénétrable à l'eau, qui devra s'écouler entre cette couche et la terre végétale, ou à travers celle-ci, qu'elle délavera et dégraissera par un trop long séjour. Si, au contraire, le sous-sol est perméable à l'eau, comme une terre maigre, du gravier, etc., l'eau surabondante s'y infiltre et empêche la terre végétale de se dessécher aussi vite quoiqu'en l'égouttant plus promptement. Par la même raison, la pente trop grande ne laisse pas l'eau séjourner assez long-temps sur le pré, il en faut une plus grande quantité qui produit moins d'effet. Elle n'a pas le temps de se dépouiller des principes fertilisans qu'elle contient, parconséquent, le produit en herbe pourra être inférieur à celui d'un terrain à pente plus douce. L'exposition a aussi une grande influence. Penché au nord, un pré ne fournit d'herbe que fort tard et en petite quantité, parceque la chaleur manque. Exposé au sud, la chaleur et l'humidité lui font produire de bonne heure et beaucoup.

Par ces motifs divers, on ne peut jamais estimer le produit d'un pré que d'une manière approximative, et proportionnelle à celle de prés placés dans des conditions équivalentes. Ainsi, dans de certaines situations, un demi-hectare (un journal) de pré arrosé produit 4,500 kilogrammes de foin (9,000 livres) de première qualité, tandis que dans d'autres, la même surface donnera avec peine 2,000 kilogrammes. Cependant, si l'on compare chaque nature de prés arrosés avec ceux qui ne le sont pas, il ressort toujours un immense avantage en faveur de l'irrigation. Par exemple, pour la première nature de pré, le produit sans irrigation serait, au lieu de 9 milliers, de 4,500 tout au plus ; pour l'autre, au lieu de 4,000, il ne serait que de 2,500. Ajoutons que le produit dû à l'irrigation est à-peu-près constant, si l'eau ne manque pas, tandis qu'en cas de sécheresse, le produit du pré ordinaire, non arrosé, peut être réduit à moins de moitié du chiffre ci-dessus, et peut-être à rien.

Les différences entre le produit en foin des diverses natures de prés existent également dans la production de l'herbe. Dans le midi de la France et même dans le centre, on fait à l'automne une seconde coupe de foin, appelée regain. Mais en Bretagne notre ciel est trop brumeux pour compter sur cette ressource, mieux vaut consommer en vert ces riches herbes. Sous ce rapport l'irrigation est une bien précieuse ressource, puisqu'elle assure, outre une magnifique récolte de foin, un excellent pâturage pendant cinq mois de l'année, précisément aux époques où l'on manque complètement de nourriture verte, à l'automne, quand les trèfles sont épuisés, et au printemps, avant qu'ils ne repoussent. Le pâturage ou la coupe de l'herbe de prés irrigués cesse précisément à l'instant où le trèfle commence à donner, de sorte que le bétail n'a jamais à souffrir (1).

N'oublions pas que le fourrage et l'herbage provenant de prés irrigués sont de première qualité, les meilleurs de tous, qu'ils sont obtenus sur des versans de montagnes où le pâturage était nul, sur des terrains trop en pente pour être cultivés, que des landes, fougères et broussailles occupaient seules.

(1) La luzerne, le trèfle et autres fourrages semblables conviennent aussi très bien aux irrigations et produisent 4 coupes par an. En Toscane, il y a des luzernes arrosées qui donnent 8 coupes annuelles.

Un demi-hectare de pré arrosé produit 4,500 kilogrammes d'excellent foin, valant généralement, dans le Finistère, sur place, 15 francs les 500 kilogrammes, représente. . .	135 fr.
4,000 kilogrammes de regain, ou l'équivalent en pâturage, à 10 francs les 500 kilogrammes.	80
Excellent pâturage pour deux vaches ou bœufs à l'engrais, pendant 2 mois, à 6 francs par semaine.	48
sans compter le fumier.	
Produit total.	263 fr.

Que l'on réduise ce chiffre à moitié si l'on veut, et qu'on compare ce produit réduit, obtenu avec bien peu de frais, à celui d'un demi-hectare de la meilleure terre en culture, et l'on verra si l'avantage n'est pas pour le pré arrosé qui fournit, en outre, une ample provision de fumier. Donc, qu'on la considère comme rendement en argent, ou comme moyen d'accroître les récoltes, l'irrigation a une valeur bien supérieure à la culture exclusive des céréales et je dirai même des prairies artificielles, à cause de la moindre dépense annuelle qu'elle occasionne.

Je ne veux pas dire par là qu'il faille renoncer aux prairies artificielles, bien au contraire, mais seulement que, sous le rapport de la nutrition des animaux, les prés irrigués méritent la préférence quant à l'économie. Les prairies artificielles les remplacent naturellement là où l'eau manque, et sont d'ailleurs utiles, indispensables même, comme moyen d'alterner les récoltes. La prairie artificielle nécessite des fumages, des labours multipliés, des avances assez considérables de temps et d'argent, tandis que le pré irrigué coûte peu à faire et ensuite ne demande qu'une surveillance sans travail. Un seul homme suffit pour entretenir d'immenses prés, tandis qu'il ne peut cultiver qu'une très petite surface de terre. Le cultivateur, à qui le temps et l'argent manquent presque toujours, a intérêt à se créer des ressources fourragères sans travail, en donnant une grande valeur à des terrains qui en avaient une fort médiocre.

L'herbe des prairies desséchées étant toujours un peu dure et grossière, aqueuse, sans saveur et peu nutritive, ne convient qu'au bœuf et à la vache. Celle des prés irrigués, plus fine, plus savoureuse et plus nutritive, convient au cheval, aux jeunes bêtes à cornes et aux moutons.

Soins à donner aux Prés irrigués.

Si les prés irrigués exigent peu de dépenses d'établissement, ils réclament par contre une surveillance continuelle, et, sous ce rapport, il serait probablement plus difficile, dans notre département du Finistère, de faire des hommes soigneux que de bons prés. En effet, une fois les réservoirs creusés, l'eau amenée, les rigoles tracées et percées, il reste à veiller à l'exécution de l'arrosage, et l'on n'obtiendrait aucun résultat avantageux si l'on ne s'assurait de la manière dont il s'exécute, si journellement on n'examinait attentivement tout le système pour s'assurer que les rigoles ne sont point engorgées, que la distribution d'eau se fait partout également bien.

Pour tirer un bon parti de l'eau, il est bon d'arroser souvent et peu long-temps à la fois. Le moment le plus convenable pour arroser est la nuit pour cesser le matin. Quand l'herbe a supporté la grande chaleur du jour, elle absorbe promptement l'eau qu'on lui donne le soir, et le lendemain, si elle s'est séchée doucement, elle affronte sans dangers les rayons ardens du soleil, au lieu que si restant mouillée elle soit exposée au soleil, elle jaunit à l'extrémité et souffre. C'est une indication de l'expérience. Quand on mouille trop à la fois, il se forme une mousse blanche, indice certain qu'il est temps d'arrêter l'irrigation.

Aussitôt le foin coupé et enlevé, il faut se hâter d'irriguer tous les jours jusqu'à ce que l'herbe soit haute ; alors, on cesse de mettre l'eau à moins que le temps n'étant à la sécheresse, on ne s'aperçoive que la terre manque d'humidité. Après avoir fait couper le regain, on fait pâturer : on arrose encore à l'automne jusqu'à ce que l'herbe soit repoussée, à moins que le temps ne soit pluvieux. A la fin de l'hiver, pendant qu'il ne gèle point, on arrose de nouveau jusqu'à la fin d'avril ou même de mai, suivant que le temps est plus ou moins sec.

Une précaution importante consiste à supprimer l'arrosement plusieurs jours avant que de laisser pâturer le bétail dessus le pré, afin que la terre se ressuie, acquière de la consistance et soit assez raffermie pour que les pieds des animaux n'y enfoncent point, autrement le pré serait bientôt abîmé. D'abord, les pieds enfonceraient un grand nombre de mottes d'herbes; les trous formés par les pieds se rempliraient d'eau, donneraient naissance à du jonc qui détruirait rapidement le pré. Par la même raison, on doit s'abstenir de faire pâturer quand le temps est pluvieux, du moins le gros bétail, car les petits animaux, comme les moutons, n'y font point de mal. C'est surtout aux prés en pente que le gros bétail préjudicie en faisant de longues glissades qui arrachent l'herbe et dénudent le terrain.

J'insiste d'autant plus sur cette précaution que j'ai la conviction que son inobservance est la principale cause de l'invasion du jonc et autres plantes aquatiques dans les prairies.

Il faut d'autant plus veiller à ne pas trop prolonger l'irrigation, qu'elle ferait peu de bien par son excès, et pourrait faire beaucoup de mal surtout quand l'eau est claire. Il n'en est pas de même si l'eau est chargée de fumier ou de limon gras qu'on peut laisser couler impunément sur les prés en tous temps et long-temps. Ainsi, par un temps d'orage, le cultivateur soigneux, loin de craindre la pluie, doit aller visiter son irrigation, s'assurer que l'écoulement a lieu partout, si l'eau est bonne, et la repousser soigneusement si elle est claire et maigre. Les Bourbonnais, les Limousins, ne redoutent point d'être mouillés en pareil cas, sachant bien quelle peut être dans ces momens l'importance de leur présence. C'est à qui s'emparera de l'eau que néglige le voisin.

L'ancienne maxime *qui arrose au printemps cherche l'herbe ; qui arrose en automne se l'assure*, est vraie. A la fin d'août, l'herbe est assez développée pour qu'on la livre au bétail. Aussitôt qu'elle est mangée, c'est-à-dire au commencement d'octobre, on profite du peu de chaleur qui reste encore pour arroser jusqu'aux gelées. L'herbe ne souffre point du froid tant qu'elle n'est pas trop mouillée, ou même lorsqu'elle est entièrement couverte d'eau et de glace. Après les gelées, on arrose de nouveau, surtout avec de l'eau saturée de fumier, pourvu que le temps ne soit pas trop pluvieux, puis on livre encore au bétail, après avoir laissé ressuyer, jusqu'à la fin de mars ou même le commencement d'avril, qu'on arrose encore jusqu'à fin de mai ou commencement de juin, suivant l'état d'hygrométricité de l'atmosphère.

En agissant ainsi, on jouira toujours de la richesse qu'on se sera créée, et cela sans d'autres dépenses annuelles que de recreuser ou nettoyer les rigoles tous les ans, ou de les achever de combler pour en percer de nouvelles à côté; de nettoyer les réservoirs; de maintenir en état les tranchées ou barrages destinés à y amener l'eau, et enfin d'étendre les taupinières après avoir détruit les taupes.

La taupe est l'ennemie née des prés quoiqu'en puissent dire certains amateurs qui prétendent qu'elle fait plus de bien que de mal aux prairies, en détruisant les vers et autres insectes qui dévorent le fumier ou l'engrais de la terre, et en rapportant à la surface de la prairie une terre du fond non épuisée par la végétation qui, étant étendue, stimule la production de l'herbe.

L'agronome pense différemment, sachant combien peu est sensible l'amélioration due à l'étendage des taupinières. Il sait trop combien cet étendage lui coûte, et combien le fauchage en est gêné et retardé, pour accepter cette opinion.

Partout, on se plaint des taupes, et nulle part on ne sait s'en débarrasser. Il y a des localités où des hommes se font de la destruction des taupes un moyen d'existence. Mais, dans la plupart des autres, on néglige cette destruction.

Parmi les nombreux moyens employés avec plus ou moins de succès, en voici un avec lequel on parviendra, avec un peu d'insistance et de soin, à détruire toutes les taupes existant sur une propriété, et ensuite celles qui y viendraient plus tard au fur et à mesure qu'elles se présenteraient.

Commencez par étendre toutes les taupinières afin de voir celles nouvellement faites; faites une provision de vers de terre; mettez-les dans un petit vase couvert. En les y plaçant par couche, saupoudrez-les avec de la noix vomique râpée en poudre fine. Le lendemain, si les vers bougent beaucoup, attendez encore qu'ils soient arrivés au point de ne plus faire que des mouvemens lents. Alors, rendez-vous sur le pré; découvrez le trou d'une taupinière en ayant soin de ne pas laisser tomber de terre dans la galerie pour la boucher. Placez deux ou trois vers empoisonnés dans cette galerie, et bouchez le trou avec une petite motte de terre. Les vers n'ayant plus la force de s'éloigner resteront sur la galerie où la taupe les trouvera et les mangera.

Pour être assuré du succès de l'empoisonnement, il est bon de recommencer un ou deux jours après à étendre toutes les taupinières, et à remettre des vers dans celles formées tout fraîchement. Le lendemain, on étend encore les taupinières. S'il ne s'en forme pas de nouvelles, c'est signe certain que toutes les taupes sont mortes.

Dans le cas contraire, on met des vers empoisonnés dans les nouvelles taupinières, jusqu'à ce qu'il ne s'en forme plus. En ayant soin de détruire les nouvelles venues à mesure qu'elles se présentent, on en sera aisément débarrassé.

Les mois de février et de mars sont les plus favorables pour se livrer à cette destruction, puis après la fauchaison. En 4 ou 5 heures on en détruira un grand nombre. Toutefois, les prés irrigués sont moins fréquentés par les taupes que les prés secs, parceque leurs galeries étant souvent noyées, elles ne peuvent faire que de courtes apparitions.

Un autre soin non moins important à donner aux prés et prairies, consiste dans l'extirpation des mauvaises herbes ou plantes, surtout lors des premiers temps de leur formation. Les unes sont faciles à arracher à la main, telles sont la parelle, la ciguë, l'aconit, la fougère, etc. La parelle n'est point malfaisante, cependant il importe de l'arracher, à cause de la facilité avec laquelle elle se propage. La ciguë est un poison. Les vaches mangent impunément ses tiges ; mais ses racines sont un poison violent qui tue ces animaux fort promptement. L'aconit est aussi un poison. Quant à la fougère, il n'existe d'autre moyen praticable de la détruire que de l'arracher à la main. Cette opération déchire la racine et nuit à sa reproduction, au lieu que le coupage de la plante la facilite, comme celle de l'asperge. Après quatre ans de ce soin, on ne voit plus paraître de fougère.

D'autres plantes sont très difficiles à arracher, telles sont la lande, la ronce, etc., qui ont des racines multipliées dont le moindre morceau repousse. Le meilleur moyen de les détruire est de les couper souvent, par exemple, 5 à 6 fois par an ; elles s'épuisent et meurent bientôt, c'est-à-dire vers la troisième année.

Avec ce soin, pendant les 3 ou 4 premières années, on parviendra à posséder un herbage de bonne qualité, parfaitement débarrassé de plantes parasites ou dangereuses, sans avoir eu besoin de semer d'herbe. Cependant, lorsqu'on ne reculera point devant les frais d'un défrichement et qu'on sèmera du trèfle ou de la luzerne, on jouira immédiatement de produits importans, au lieu qu'en se bornant à la destruction des plantes parasites et à arroser le sol, on arrive avec plus de temps, deux à trois ans, par exemple, mais aussi avec presque point de dépenses, à jouir de fort bons prés.

Lorsqu'on a défriché un terrain, ou qu'il est naturellement dénudé et qu'on ne veut pas faire la dépense d'un défrichement et d'un ensemencement, ou enfin qu'on ne peut se procurer de graines, on parvient à gazonner assez promptement ce terrain, en y plaçant, de distance en distance, des mottes de gazon dont les racines se propagent beaucoup, et dont les graines se répandent alentour si on les laisse bien mûrir sur pied. Les Anglais ont ainsi gazonné des sables stériles.

De l'Irrigation par Inondation.

On a vu que l'irrigation proprement dite convenait particulièrement aux terrains en pente, quelque raides qu'ils fussent, et qu'on peut régler à volonté les quantités d'eau nécessaires pour humecter ces terrains de la manière la plus convenable au développement des plantes; mais, quand on a des terrains plats, on ne peut les arroser que par inondation.

Cette opération consiste à faire dériver une rivière, un ruisseau, à en arrêter le cours par une digue pour en élever le niveau, ou bien, à élever l'eau dans un réservoir par des moyens artificiels, tels qu'une machine. Ensuite, on laisse couler cette eau sur les prés jusqu'à les couvrir d'une légère couche d'eau qu'on y laisse subsister plus ou moins de temps, suivant la nature absorbante ou filtrante du terrain.

Ici, plus encore que dans l'irrigation ordinaire, il est important d'avoir des eaux limoneuses et troubles pour inonder, afin que le dépôt qu'elles tiennent en suspension reste sur le terrain et le recouvre, en forme de couche mince, également sur toute sa surface. Ce dépôt agit comme engrais, et surtout comme moyen de chausser les plants d'herbe et d'arrêter l'évaporation spontanée, de sorte que le terrain reste humide pendant long-temps. C'est donc une bonne mesure que de profiter des instans où les eaux sont limoneuses pour inonder, quand toutefois l'état d'avancement du foin ne s'y oppose pas.

A défaut d'eau limoneuse, l'eau claire produit aussi un effet, mais beaucoup moins sensible et surtout moins durable, parcequ'elle n'agit que comme humectant; cependant, on s'en trouve si bien qu'on ne doit point négliger de s'en servir quand on le peut.

L'inondation se pratique rarement et dans peu de localités, parcequ'il faut posséder une masse d'eau considérable pour inonder une certaine portion de pré. C'est une opération qui ne convient qu'aux grands propriétaires, ou aux grandes entreprises agricoles. Le plus souvent elle ne se pratique qu'au moyen de machines puissantes pour élever l'eau dans des réservoirs supérieurs, et, lors même qu'on peut disposer directement d'un cours d'eau, les frais de construction et d'entretien des barrages nécessaires sont trop considérables pour de petits cultivateurs comme ceux de notre Finistère; aussi n'entrerai-je dans aucun détail à ce sujet, d'autant plus que ces opérations, tout entières du ressort de l'ingénieur, ne peuvent guère être exécutées sans son aide.

En Angleterre, on emploie avec succès l'inondation sur plusieurs localités voisines de la mer, où les terrains sont assez bas pour être naturellement inondés à de certaines époques. A chaque inondation, le terrain reçoit une couche d'alluvion de plusieurs centimètres d'épaisseur, qui lui donne une fertilité prodigieuse pendant plusieurs années, sans le secours d'aucun autre engrais. Quand cette fertilité diminue, on inonde de nouveau. Cette opération s'appelle *warping*.

C'est une inondation semblable, produite périodiquement par le Nil, qui fait la richesse de l'Égypte, où, comme je l'ai dit, sa surveillance est le premier soin du gouvernement. Des échelles graduées indiquent le niveau des eaux, et d'après la hauteur à laquelle elles s'élèvent, on sait d'avance si l'inondation sera plus ou moins productive, et l'on se livre en sécurité aux réjouissances publiques qui ont lieu à cette occasion, sachant bien que cette indication n'est jamais trompeuse.

Manière de faire et de conserver le Foin.

Quelque vulgaire que paraisse être la préparation du foin, elle est cependant fort importante pour l'agronome et j'en dirai quelques mots, car, dans le Finistère, on fait généralement mal le foin ordinaire, et on ne sait point du tout préparer celui de trèfle ou de luzerne.

Foin ordinaire.

Le temps le plus convenable pour la coupe du foin, sans tenir compte des variations climatériques, est celui où l'herbe, après avoir fleuri, commence à grainer, et où son extrémité prend une teinte rougeâtre. La graine encore laiteuse commence néanmoins à acquérir de la consistance. La graine qui reste alors fixée à la tige dans sa bulle, et la moelle tendre que contient cette tige, forment la partie la plus nutritive et la plus savoureuse du foin. Aussitôt coupée, il faut étendre immédiatement l'herbe et la remuer fréquemment pour la faire sécher le plus tôt possible. Le soir, on la ramasse en tas ou mulons.

Si le temps est beau, dès la fin du deuxième jour de dessication, on met le foin en mulons de la contenance d'environ un millier, et on le laisse ainsi deux ou trois jours sans l'ouvrir. L'humidité intérieure de l'herbe, sèche déjà à sa surface, ressort et produit une sorte de sueur qui donne lieu à une fermentation d'où naît l'odeur forte et agréable que conserve pendant plusieurs années le foin bien fait. Si l'on veut renferer de suite ce foin en grenier, on laisse la fermentation se faire pendant 15 jours en s'assurant tous les jours, en fourrant le bras dans le mulon, que le foin sue seulement, mais n'est pas humide; alors on ouvre et on étend le mulon pendant quelques heures, et l'on peut le rentrer sans craindre qu'il s'échauffe et s'enflamme comme il arrive au foin mal séché. Si l'on n'est point pressé de rentrer le foin, après l'avoir laissé deux ou trois jours fermenter on ouvre les petits mulons et on en forme de grands de 10 à 15 milliers au milieu du pré, lesquels restent ainsi trois semaines ou un mois. Le foin fermente mieux dans ces grand mulons et peut être entré ensuite sans danger, de même qu'il ne court aucun risque de la part de la pluie en restant ainsi sur le pré.

Le foin coupé de bonne heure et préparé rapidement, est d'un beau vert blanc argenté, d'un arôme délicieux qui se conserve pendant plusieurs années sans s'altérer. Les chevaux le mangent avec avidité et le préfèrent, quoique vieux de 3 à 4 ans, au foin nouveau préparé à la manière du pays. Cela se conçoit aisément ; dans le Finistère on laisse trop mûrir l'herbe, la graine s'en échappe, la moelle et l'herbe deviennent ligneuses ; en outre, on fait trop sécher le foin, de sorte qu'il n'a plus que très peu de saveur, d'odeur, et que sa couleur est d'un vert jaune roux ; il n'est ni aussi agréable ni aussi nutritif pour les animaux.

Pendant plusieurs années j'ai vendu du foin à raison de 20 francs le millier, pris chez moi (il revenait rendu à 25 ou 26 francs), et on préférait le payer ce prix, que d'avoir des foins de la localité, dits de bonne qualité, à 14 ou 15 francs le millier. Quand j'ai cessé de vendre de mon foin, les chevaux habitués à le manger refusèrent celui du pays et maigrirent beaucoup.

Je recommanderai donc aux agronomes de couper environ trois semaines avant l'époque d'usage, et à employer beaucoup de faucheurs et de faneuses pour expédier cette besogne le plus vite possible.

Nous avons peu de bons faucheurs. Les plus mauvais sont ceux des alentours de Quimper, qui laissent beaucoup d'herbe sur pied, en ne coupant pas assez ras.

Un bon faucheur doit toujours avoir sa faulx traînant à terre, il coupe alors l'herbe très ras et uniformément ; l'herbe repousse plus également et l'on profite de tout le foin produit.

Dans quelques localités, en Allemagne particulièrement, en mulonnant le foin on l'arrose légèrement d'eau salée, ce qui le rend plus appétissant. Cette précaution est utile pour les foins provenant de terrains marécageux qui sont naturellement durs et de peu de saveur; mais elle est superflue pour les foins de coteaux irrigués, qui sont toujours tendres et excellens.

Le foin se conserve fort bien en grandes meules ou mulons ainsi que cela se pratique généralement dans toute la Bretagne, je ne parlerai donc point des soins à y apporter, puisque tout le monde les connaît.

Foin de Trèfle et de Luzerne.

Tout le monde reconnaît aujourd'hui la supériorité du trèfle et de la luzerne, sur l'herbe, pour l'alimentation de tous les animaux de culture; mais l'on ignore généralement que ces fourrages conservent la même supériorité en sec. La plupart des cultivateurs sont bien convaincus qu'ils donnent un foin grossier et de mauvaise qualité, parcequ'ayant essayé à faner le trèfle comme ils fanent l'herbe, toutes les feuilles se sont pulvérisées, et il ne leur est plus resté que les tiges durcies qui, elles-mêmes, ont perdu la saveur qu'elles auraient conservée par un meilleur procédé de fanage.

Pour faire de bon foin avec le trèfle et la luzerne, il faut, aussitôt qu'il est coupé, l'étendre et le retourner tant que les feuilles sont vertes et flexibles, ce qui ne dépasse point la première journée; après quoi il n'y faut plus toucher pendant le jour, parceque les feuilles se briseraient et se pulvériseraient. On ne doit le retourner que le matin, avant que la rosée soit entièrement dissipée, attendu que les feuilles étant alors humectées et attendries ne se brisent point. Après l'avoir ainsi retourné pendant trois jours, on met ce foin encore incomplètement sec, en mulons d'environ un millier, et on le laisse pendant deux à trois semaines à fermenter. La fermentation humide s'y développe rapidement et donne lieu à une température de 28 à 30 degrés au moins. On fourre souvent le bras dans les mulons pour s'assurer que la chaleur ne s'élève pas trop, et l'on attend que la fermentation cesse d'elle-même, ce qui arrive après 15 à 20 jours. Alors, on ouvre le mulon et on laisse le foin pendant une couple d'heure se ressuyer de l'humidité, après quoi on bottèle et on ramasse dans les greniers. Il ne faut point se laisser effrayer de l'humidité et de la chaleur des mulons; cette grande fermentation est nécessaire pour assurer la conservation du foin et pour lui donner les qualités requises.

Le foin de trèfle et de luzerne ainsi préparé est d'un vert jaune avec les feuilles noires toutes attachées à leur tige. Il a une saveur agréable et forte et est assez tendre pour être mangé par tous les animaux. Cependant, un moyen de le rendre plus appétissant consiste à l'exposer dès la veille à une petite pluie, ou à l'arroser avec de l'eau qui s'emboit, attendrit les tiges et ravive leur saveur. Les chevaux et les bœufs en sont alors très friands. Ce foin est très échauffant ; on corrige cet excès de qualité en donnant aux animaux des racines, telles que betteraves, panais, navets, etc.

Le foin de trèfle et de luzerne est une puissante ressource, puisqu'on peut partout en faner au moins deux coupes par année; mais pour l'avoir de qualité supérieure, il ne faut pas non plus attendre trop long-temps à le couper. Le moment où la graine est en lait est le plus favorable. On perd un peu en quantité, en poids, en n'attendant pas sa complète croissance, mais il est beaucoup plus tendre et plus savoureux.

Résumé.

D'après ce qui a été dit ci-dessus, l'homme le plus étranger aux pratiques de l'agriculture comprendra fort bien qu'un sol tourmenté comme celui de notre département, possédant une multitude de sources élevées, de ruisseaux et de rivières, roulant leurs eaux rapides sans utilité pour le pays, serait susceptible de recevoir une immense amélioration par l'application de ces eaux à la fertilisation des terrains qu'elles parcourent. Les agronomes comprendront tout le parti qu'on peut tirer des méthodes simples que j'ai décrites pour le dessèchement des marais et surtout l'irrigation des coteaux. Quant aux irrigations par inondation, la trop grande division du sol, et les dépenses considérables qu'elles occasionnent, en rendent l'emploi fort rare.

Quel développement l'emploi judicieux de ces méthodes n'imprimerait-il pas à notre richesse territoriale ? Sans doute, nous devons peu espérer posséder des manufactures, à cause de notre éloignement des grands centres commerciaux qui groupent la production industrielle autour d'eux, mais nous serions assurés d'une industrie plus sûre, plus durable, l'exploitation des diverses branches de l'agriculture.

En effet, avec une grande masse de fourrages produits par l'irrigation, nous élèverions des bœufs et des chevaux de bonnes races. Ces bœufs trouveraient un débouché avantageux dans les nouvelles voies de communication qui vont être livrées incessamment au public. D'abord, le bateau à vapeur de Morlaix au Havre va être secondé par un autre en construction. Le chemin de fer de Paris à Rouen vient d'être livré à la circulation. Celui de Rouen au Havre le sera en 1845. De Morlaix on ira à Paris en 30 heures (1). Rien n'empêcherait alors d'expédier par cette voie des bœufs pour approvisionner le Havre, Rouen et alentours, et enfin Paris, en concurrence avec le Calvados et l'Allemagne. Cette concurrence est possible malgré le fret à payer, parceque cette dépense est plus que compensée par la faible rente de nos terres de Bretagne comparée à celle de la Normandie, et parceque l'élève du bétail est beaucoup moins cher ici que là.

Dans le Finistère, le prix du $\frac{1}{2}$ kilogramme de viande est de 20 à 30 centimes. Au Havre, comme à Paris, il dépasse toujours 50 centimes. Différence, minimum, 20 à 30 cenmes.

(1) Le chemin de fer de Paris à Brest sera un puissant moyen de débouché pour nos animaux de boucherie, qui pourront arriver, en peu d'heures, frais et en bon état sur les marchés de l'intérieur.

En supposant que les bœufs attendent 2 ou 3 jours l'embarquement, et que cette dépense monte par jour à 1 franc 50 centimes, c'est par bœuf. 4f 50c

La traversée et nourriture coûte. . 30 00

Total. 34f 50c

supposons 36 francs avec l'attente du moment de la vente.

Plus les bœufs seront gros, moins les frais seront proportionnellement grands pour chacun. Admettons des bœufs de 350 kilogrammes de viande nette. Les frais seront de 5 centimes par demi-kilogramme, et le bénéfice net de 15 à 25 centimes, représentant 105 à 175 francs par bœuf. La spéculation est donc non-seulement possible, mais très avantageuse; d'où il résulterait un beau débouché pour notre production et parconséquent pour nos herbages.

Les mêmes avantages se présentent pour nos chevaux. Faute de cavalerie, la France n'a pu faire la guerre en 1840, l'étranger ayant arrêté l'importation de ses chevaux en France pour la remonte de notre cavalerie. Hé! bien, ces chevaux nous les ferions avec nos prés irrigués, et d'autant plus facilement qu'à 3 ans un cheval n'a coûté à produire que 150 francs, au lieu que dans la France centrale, il coûte à cet âge 400 francs. Là, est tout le secret de la recherche de nos chevaux. Ajoutons que la conformation de notre sol les rend plus rustiques et meilleurs pour le travail.

Répétons-le donc, il ne tient qu'à nous d'atteindre à une prospérité agricole immense, et cela, en donnant aux prairies naturelles toute l'extension dont elles sont susceptibles, et en justifiant la maxime de Sully qui sert d'épigraphe à ce mémoire. C'est aux propriétaires éclairés à donner l'exemple. Les sociétés d'agriculture et le gouvernement ne peuvent rien faire de mieux que d'encourager cette extension, en levant les obstacles que la législation apporte trop souvent à ces travaux (1). Honneur à la Société vétérinaire du Finistère si ses judicieux efforts peuvent avoir ce résultat!

On trouvera, peut-être, ce mémoire trop succinct. Sans doute, j'aurais pu donner plus de développement à chacune des matières qui le composent. Mais ce ne sont pas les ouvrages volumineux qui nous manquent. Les bibliothèques en sont remplies, leur étendue empêche de les lire et en fait un travail fastidieux. J'ai pensé qu'une simple exposition des théories et des faits serait plus aisément lue et parlerait mieux au bon sens des agronomes qu'un traité complet. Puissé-je avoir réussi à leur gré.

Comme il ne suffit pas de parler ou d'écrire, mais qu'il faut agir, je me chargerai de faire,

(1) La loi sur les irrigations vient de rendre possibles et faciles une foule de travaux qu'on ne pouvait penser à entreprendre ; le moment est donc venu de se livrer à ce genre d'améliorations agricoles qui triplera en peu d'années la valeur des propriétés du Finistère, susceptibles d'arrosement.

en qualité d'Ingénieur, tous les travaux de desséchemens ou d'irrigations que des propriétaires auraient à exécuter, ou à leur donner des plans, conseils on tracés dans le même but.

Enfin, j'ai cru ne pouvoir mieux terminer ce petit opuscule qu'en y joignant le texte de la nouvelle loi sur les irrigations, et un petit mémoire sur l'*extinction de l'empirisme en France*, que j'ai envoyé au concours ouvert sur cette question par la Société vétérinaire du Finistère, et dont la commission fit un rapport très favorable qui lui eût valu la médaille d'or, si le concours n'eût été prorogé et en définitive annulé par des influences aisées à comprendre. Cette question se rattache trop intimement à celle des prairies pour en être détachée, et pour ne pas offrir quelqu'intérêt aux agronomes.

LOI

SUR LES IRRIGATIONS,

Promulguée le 29 Avril 1845.

Article 1er. — Tout propriétaire qui voudra se servir, pour l'irrigation de ses propriétés, des eaux naturelles ou artificielles dont il a le droit de disposer, pourra obtenir le passage de ces eaux sur les fonds intermédiaires, à la charge d'une juste et préalable indemnité.

Sont exceptés de cette servitude les maisons, cours, jardins, parcs et enclos attenant aux habitations.

Art. 2. — Les propriétaires des fonds inférieurs devront recevoir les eaux qui s'écouleront des terrains ainsi arrosés, sauf l'indemnité qui pourra leur être due.

Seront également exceptés de cette servitude les maisons, cours, jardins, parcs et enclos attenant aux habitations.

Art. 3. — La même faculté de passage sur les fonds intermédiaires pourra être accordée au propriétaire d'un terrain submergé en tout ou en partie, à l'effet de procurer aux eaux nuisibles leur écoulement.

Art. 4. — Les contestations auxquelles pourront donner lieu l'établissement de la servitude, la fixation du parcours de la conduite d'eau, de ses dimensions et de sa forme, et les indemnités dues, soit au propriétaire du fonds traversé, soit à celui du fonds qui recevra l'écoulement des eaux, seront portées devant les tribunaux qui, en prononçant, devront concilier l'intérêt de l'opération avec le respect dû à la propriété.

Il sera procédé devant les tribunaux comme en matière sommaire, et s'il y a lieu à expertise, il pourra n'être nommé qu'un seul expert.

Art. 5. — Il n'est aucunement dérogé par les présentes dispositions aux lois qui règlent la police des eaux.

EXTINCTION

DE

L'EMPIRISME EN FRANCE.

> « Pour détruire le charlatanisme et l'ignorance, il faut encourager le mérite et le savoir. »

PRÉAMBULE.

Il est inutile de donner aucun détail sur l'empirisme et le charlatanisme en France. Cela est connu de tout le monde. Il suffit d'indiquer les principaux moyens d'y remédier.

Il existe trop peu de vétérinaires en France, et encore le plus souvent ils sont groupés dans les mêmes localités où ils se font concurrence. Ainsi des arrondissemens n'en ont point, d'autres n'en ont qu'un. En Bretagne, et dans toutes les localités analogues, les vétérinaires gagnent peu, parceque la population étant peu agglomérée, ils ont de longues courses à faire, font payer cher leurs soins qui sont par cela seul peu réclamés, comme étant hors de la portée de la plupart des petits cultivateurs.

Qu'arrive-t-il alors ? que le cultivateur éloigné de 5, 10, 15 lieues du vétérinaire a recours au premier empirique qu'il rencontre. Cela est tout naturel, et aura lieu tant que le nombre des vétérinaires ne sera pas plus considérable et leurs honoraires plus modérés. Il en serait de même pour les médecins, si au lieu d'être un ou deux par canton, il n'y en avait qu'un par arrondissement. Ils n'auraient pas de clientèle et les malades rechercheraient forcément les charlatans.

Le moyen de détruire l'empirisme est donc d'augmenter le nombre des vétérinaires et de les éparpiller de manière à ce qu'il y en ait un par canton ; alors on sera rationnellement en droit de poursuivre l'empirisme, désormais sans excuse. Il serait à désirer que les médecins de campagne se fissent recevoir vétérinaires, leur clientèle doublerait à l'avantage du pays et au leur.

Un puissant obstacle s'oppose à l'accroissement du nombre des vétérinaires, c'est l'obligation de passer par une école spéciale, éloignée de 150 à 200 lieues de chez soi, qui entraîne à des frais trop considérables pour un grand nombre de jeunes gens, très onéreux pour d'autres qui, après y avoir consommé leur petit avoir, se trouvent réduits au mince produit de leur état. Si l'instruction était moins chère et plus abordable, si elle pouvait s'acquérir dans le département même des candidats, à peu de frais et sans déplacemens considérables, comme cela se fait pour les sages-femmes, nul doute que le nombre des vétérinaires ne s'accrût bientôt.

Ce but serait facilement atteint par l'établissement, dans chaque département, d'une école de médecine vétérinaire, dont le personnel enseignant serait obtenu par des concours publics et soldé par l'état. Le matériel serait fourni par le département. L'enseignement s'y composerait de l'étude de l'organisme animal, de la description des accidens et maladies, de la thérapeutique, des opérations et pansemens, et enfin des soins hygiéniques. En outre, les élèves seraient exercés à forger les fers et instrumens nécessaires. Une pension pour les animaux malades, annexée à l'école, offrirait aux élèves l'occasion de pratiquer une partie des préceptes théoriques qu'ils auraient reçus.

Cette école devrait nécessairement être placée dans la ville la plus populeuse du département, comme contenant dans ses limites et ses alentours un plus grand nombre d'animaux. Le local devrait contenir une salle pour les cours, une autre pièce pour la bibliothèque, le dépôt des instrumens et drogues, une cour avec hangar pour faire les pansemens et opérations, une vaste écurie pour contenir les animaux malades mis en pension ou destinés aux démonstrations, et enfin une forge.

Le personnel enseignant pourrait exercer au dehors après les cours finis, raison pour laquelle il serait peu rémunéré.

Les élèves demeureraient chez eux et seraient seulement astreints à suivre exactement les cours par des notes consultées lors des examens. Pour être admis à l'école, il faudrait préalablement subir un examen sur la langue française, la géographie, l'arithmétique, les anciennes et nouvelles mesures; avoir une bonne conduite et au moins 18 ans.

Tous les ans un examen public serait passé par les élèves, ou toutes autres personnes étrangères à l'école. Ceux-là seuls qui auraient répondu d'une manière satisfaisante sur tous les points de l'enseignement, recevraient des diplômes de vétérinaires, après avoir justifié d'une bonne conduite et de 21 ans d'âge. Ils exerceraient la profession au civil.

Les vétérinaires militaires qui ont en outre à instruire les corps, doivent être plus avancés sur les sciences que les vétérinaires civils qui n'ont qu'à pratiquer. Par cette raison, les diplômés civils qui voudraient entrer dans l'armée seraient obligés de passer par les écoles royales d'Alfort, Lyon ou autres, pour y obtenir à la suite d'examens un diplôme spécial.

Le jury pour les examens serait composé des professeurs de l'école, auxquels on adjoindrait au moins deux vétérinaires du département, désignés chaque année par le sort, et indemnisés de leur temps par des vacations analogues à celles du tarif des honoraires.

Enfin, comme il importe dans l'intérêt du public et des vétérinaires, que les honoraires soient fixés d'une manière invariable et la plus modérée possible pour rester à la portée de la plupart des cultivateurs, et en même temps assurer aux artistes le moyen de se faire payer de leurs soins et conseils, sans possibilité de contestations, il serait indispensable d'établir une taxe spéciale proportionnelle à l'éloignement des cliens et à la nature des opérations, comme aussi pour les remises dues aux vétérinaires pour la direction des achats ou ventes d'animaux dont ils seraient chargés.

Après avoir ainsi pourvu aux moyens d'accroître le nombre des vétérinaires, et nul ne pouvant exercer qu'en vertu d'un diplôme, on poursuivrait impitoyablement tout individu non diplômé qui serait convaincu d'exercer, moyennant salaire, dans un canton où réside un vétérinaire, parceque les secours éclairés ne manquent pas là. Mais, il serait sage et humain de fermer les yeux sur la contravention dans les cantons manquant de vétérinaires, et, par conséquent, de moyens de soulager les animaux malades, autrement que par l'intervention des empiriques plus ou moins capables ou incapables.

Les vétérinaires militaires, faisant partie de l'armée active, rentrent dans la législation militaire; ils ne peuvent ni ne doivent trouver place ici qu'autant qu'ils rentrent dans la vie civile.

PROJET DE LOI

SUR

L'ORGANISATION

DES

ÉCOLES VÉTÉRINAIRES CIVILES EN FRANCE.

Titre Ier. — *Dispositions Générales.*

Article 1er. — Il est fondé dans chaque département une école de médecine vétérinaire gratuite.

Art. 2. — Ces écoles seront à la charge de l'état pour l'enseignement, et à celle des départemens pour les locaux et frais spéciaux de matériel.

Art. 3. — Nul ne pourra exercer les fonctions de médecin vétérinaire civil, s'il n'est muni d'un diplôme, ni celles de médecin vétérinaire militaire, si, outre ce diplôme, il n'en a obtenu un deuxième après avoir suivi un nouveau cours aux écoles royales d'Alfort ou autres.

Art. 4. — Tout individu non diplômé qui sera convaincu d'avoir exercé la médecine vétérinaire dans un canton où résidera un vétérinaire, sera passible d'une amende de 5 à 50 fr., non compris les frais de jugement et le remboursement de la valeur des animaux morts entre ses mains. A chaque récidive l'amende sera de 50 à 200 fr.

TITRE II. — *Fondation des Écoles.*

ART. 5. — Chaque école départementale de médecine vétérinaire sera établie dans la ville la plus peuplée.

ART. 6. — L'école ne recevra point de pensionnaires. Les élèves demeureront chez eux et seront seulement tenus, par des mesures réglementaires, de suivre les cours exactement.

ART. 7. — Le personnel enseignant sera choisi par concours public. Il se composera de :

Un médecin vétérinaire aux appointemens de........................ 1800 fr. par an.

Un professeur de botanique. 1200

Un maître forgeron........ 600

Un ou deux palefreniers.... 600

ART. 8. — L'enseignemement se composera de :

La botanique fourragère et notions générales d'agriculture ;

Médecine vétérinaire comprenant l'ostéologie, la miologie et généralement l'étude organique des animaux ;

La description des accidens ou maladies auxquels ils sont exposés ; les moyens thérapeutiques ; les opérations et les soins hygiéniques y compris ferrage.

ART. 9. — Pour être admis à l'école vétérinaire, il faudra passer un examen sur la langue française, la géographie, l'arithmétique y compris les anciennes et nouvelles mesures, avoir un certificat de bonne conduite et au moins 18 ans d'âge.

Art. 10. — Tous les ans un examen public aura lieu pour les élèves et les étrangers à l'école. Ceux qui auront répondu d'une manière satisfaisante sur tous les points de l'enseignement, recevront un diplôme de vétérinaire civil, s'ils justifient en outre d'une bonne conduite et de l'âge de 21 ans.

Art. 11. — Le jury d'examen sera formé des professeurs de l'école auxquels seront adjoints deux vétérinaires du département, désignés chaque année par le sort. Ces vétérinaires recevront pour cet objet une indemnité de déplacement, proportionnée au temps consacré à l'examen d'après le tarif.

Titre III. — *Tarif des vacations exigibles par les Vétérinaires.*

Art. 12. — Toute visite ou consultation en ville où réside le vétérinaire sera payée 1 franc;

Toute visite ou vacation hors de sa résidence sera payée 1 franc, plus 50 centimes par kilomètre d'éloignement (l'aller seulement compris);

Toute opération grave, telle que mise bas, cataracte, etc., 5 francs en sus de la vacation ordinaire;

Toute consultation ou direction par l'achat ou la vente d'animaux sera payée 5 °/o de leur valeur, non compris les frais de déplacement s'il y a lieu.

Brest, Imprimerie d'Édouard Anner.

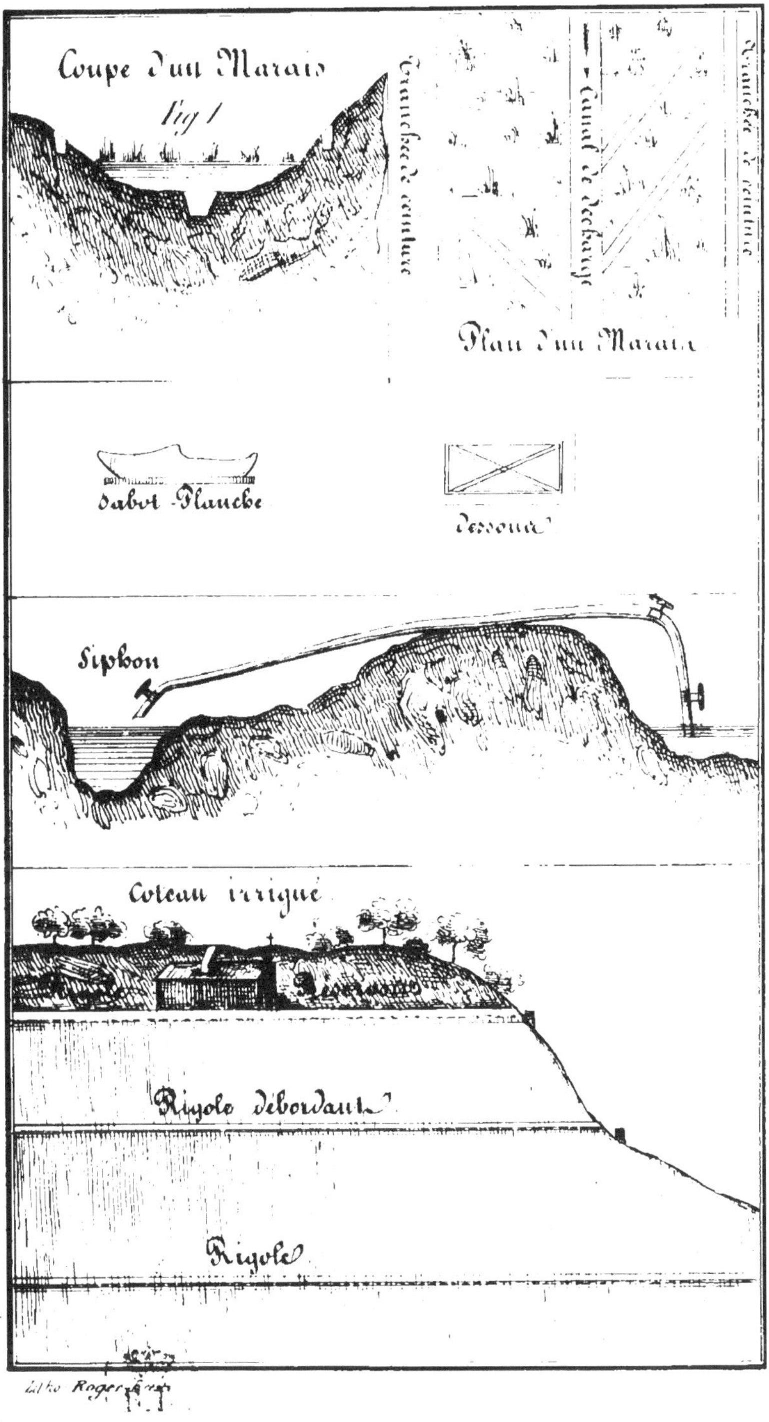

Coupe d'un Marais

Fig 1

Tranchée de ceinture

Canal de dechange

Tranchée de ceinture

Plan d'un Marais

Sabot-Planche

dessous

Siphon

Coteau irrigué

Déversoirs

Rigole débordante

Rigole

Litho Roger

www.ingramcontent.com/pod-product-compliance
Ingram Content Group UK Ltd.
Pitfield, Milton Keynes, MK11 3LW, UK
UKHW021121260726
13994UKWH00002B/959

9 782329 335636